パリティ物理学コース　牧 二郎・長岡洋介・大槻義彦 編

熱学・統計力学

碓井恒丸 著

丸善出版

本書は，1990年に発行したものを，新装復刊したものです．

パリティ物理学コース
発刊にあたって

　物理学という学問は，近代科学の柱として古い歴史をもちながら，とりわけガリレオやニュートンによる力学の建設をはじめ，光学・熱学・電磁気学など多くの分野で長足の発展を遂げ，自然科学の中で欠くことできない大きな構成部分を占めています．特に20世紀に入ってからは，相対性理論や量子力学といった斬新な理論が打ち立てられてその魅力が倍増したのみならず，極微の世界から大宇宙に及ぶ人類の認識能力を大きく拡げ，工学的応用によって多くの先端技術を切り拓くとともに，広く自然科学の他の分野にも深い影響を及ぼしています．専門的知識の最前線としての物理学を習得しようとする人々は近年ますます多くなってきていますが，それとともに，物理学は，その基本的な知識や方法が，かつてなかったほど広範囲な領域に普及されていく時代を迎えていると思われます．

　このような状況の中で，本コースは，物理学を必要とする研究分野の多岐にわたる読者の要望に応える新しい構成と規模によって，物理学の広範な領域を多面的に学習することを可能にするコースです．本コースの柱となるテーマは，大学初年度から大学院教育にわたって必要なものを網羅し，力学や電磁気学といった基礎・教養の物理学から，高エネルギー物理学，核物理学，物性物理学，宇宙物理学その他に至るさまざまな分野の

ものが取り上げられています．また，それぞれのテーマについては，同一のテーマであっても性格の違う複数のものをそろえ，読者自身が選択できるようにした新しいタイプの構成をめざしています．

さらに，コースの柱を補うものとして，"クローズアップ"というサブテキスト・シリーズが用意されています．これは，現在脚光をあびている先端的な問題や，科学史的あるいは教育的見地からその必要性が認められる題材を随時補完するものであり，読物的色彩に富むシリーズです．

したがって，読者は，各テーマ毎に自分に適したものを選択し，かつ必要に応じて"クローズアップ"からサブテーマを選ぶことにより，イージーオーダー方式で，自分専用に，自分に最適のコースを用意することができます．

このような特徴を備えたこの新コースは，各分野で物理を学ぶ大勢の人達に受け入れられ，それぞれの分野の発展に寄与するものと確信いたします．

1990年2月

牧　二　郎

まえがき

　本書は，私が名古屋大学理学部において長年担当した統計物理学の講義ノートをもとに執筆したものである．
　熱力学・統計力学は，ばく大な数の粒子の集合体である巨視的な体系を扱う手法として，確立した物理学の1分野である．このような確立した分野について講義をし，教科書を執筆する場合には，まず基礎法則について述べ，手法を定式化し，次にその応用へ進むという，一貫した，統制のとれた筋書きに従うのが通常であろう．しかし，私は本書の執筆にあたって，あえてそのような"透明さ"を求めなかった．むしろ，熱力学と統計力学をひとつのものとしてとらえ，そこでのものの考え方について，私が考えながら講義し，講義しながら考えたことを，そのままの形で提示するように努めた．確かに，整理された体系として与えられたものを学ぶことも，効率的な勉強法ではあろう．しかし，それだけでは物理の知識は増えても，本当に"物理がわかった"ことにならないのではあるまいか．特に熱力学・統計力学においては，その基礎にある考え方が，例えば力学のそれとはかなり異っており，そこをしっかり理解することが大事になる．肝心なことは，人任せにしないで自分自身の頭で理解することである．そのような意味で，本書のような教科書にもその存在意義があるのではなかろうか，と考えている．

本書を学ばれる読者への著者としての期待は，本書を足掛りにしてその中から読者自身の仕方で熱力学・統計力学の理解を獲得していただきたい，ということである．

本書は解析力学と量子論の初歩的な知識をひとまず前提にしている．しかし，そこで必要なことがらは限られており，その都度説明を加えるように努めたので，予備知識のない読者でも読み続けることにさほど困難は感じないと思う．

本書の出版にあたり，編集委員のお一人の長岡洋介氏と山内淳氏には，原稿に目を通していただき，多くの有益なコメントをいただいた．また，山内氏には練習問題の一部とその解答の執筆もお願いした．丸善編集部の方々，特に佐久間弘子氏には，私の読みにくい原稿の整理など，ご苦労をお掛けした．これらの方々のご協力なしには，本書の出版はあり得なかったと思う．心からお礼申し上げたい．

1990年2月

碓　井　恒　丸

目　　　次

1 序章 — 1
　1.1 巨視的法則 — 1
　1.2 理想気体の圧力 — 8
　1.3 エネルギー移動——仕事と熱 — 14
　1.4 巨視量 — 22

2 統計力学の基礎 — 29
　2.1 等確率の原理 — 29
　　2.1.1 理想気体の空間分布 — 29
　　2.1.2 位相空間 — 33
　　2.1.3 等確率の原理 — 35
　2.2 熱平衡にある2体系 — 38
　　2.2.1 エントロピー — 38
　　2.2.2 接触した2体系の熱平衡 — 41
　　2.2.3 絶対温度 — 44
　2.3 準静過程——エントロピーの役割 — 46
　2.4 位相体積の自然単位——量子論 — 51
　　2.4.1 作用量子と量子条件 — 51
　　2.4.2 自由粒子の量子論 — 54

3 熱力学の基礎　59

- 3.1 現象論 I——熱力学第1法則　59
- 3.2 カルノー機関　62
- 3.3 現象論 II——熱力学第2法則　68
- 3.4 クラウジウス不等式　72
- 3.5 エントロピー　75
- 3.6 完全微分　79

4 まとめ　85

- 4.1 まとめ　85
  - 4.1.1 熱力学・統計力学の諸関係　85
  - 4.1.2 2体系の熱平衡　89

5 応用——その1　95

- 5.1 応用への準備　95
- 5.2 エネルギー等分配 I　101
- 5.3 エネルギー等分配 II　107
  - 5.3.1 単原子分子理想気体　107
  - 5.3.2 2原子分子理想気体　109
  - 5.3.3 固体の格子振動 (1)　114
  - 5.3.4 熱放射 (1)　116
- 5.4 量子効果　119
  - 5.4.1 調和振動子　120
  - 5.4.2 熱放射 (2)　122
  - 5.4.3 固体の格子振動 (2)　125
  - 5.4.4 回転運動の量子効果　129
  - 5.4.5 磁性体　132
  - 5.4.6 熱力学第3法則と断熱消磁　136

6 応用——その 2 *141*

6.1 粒子の統計性 *141*
6.1.1 波動関数の対称性 *141*
6.1.2 自由粒子系の基底状態 *144*
6.1.3 理想フェルミ気体の基底状態 *147*

6.2 開いた系——化学ポテンシャル *149*
6.2.1 開いた系の熱力学 *149*
6.2.2 開いた系の統計力学 *155*

6.3 量子気体 *159*
6.3.1 量子統計分布 *159*
6.3.2 理想フェルミ気体 *165*
6.3.3 理想ボース気体 *169*

6.4 相転移 I *174*
6.4.1 1成分系の相平衡 *174*
6.4.2 相律 *181*
6.4.3 化学平衡 *184*

6.5 相転移 II *186*
6.5.1 イジング模型の相転移 *186*
6.5.2 秩序パラメーター *192*

7 ゆらぎ *195*

7.1 ゆらぎと不可逆過程 *195*

問題の解答 *203*

索引 *217*

基本物理定数 *221*

1 序　　章

1.1 巨視的法則

　統計力学と熱力学で取り扱う体系は，巨視的な (macroscopic) 大きさの系である．巨視的な大きさとは，まず日常的な感覚に基づいたスケールといってよい．すなわち，長さでいえば 1 cm とか 1 m など，質量では 1 g とか 1 kg などである．このような系はきわめて多数の粒子から成り立っている．粒子の種類は体系により異なるが，分子あるいは原子やイオンであることもあり，電子や核子，また光子の場合もある．日常的なスケールの体系はこのような粒子を $10^{20\sim23}$ 個程度含んでいる．

　いまこの巨視系を構成する粒子が，仮に古典力学に従うものとして，この系の運動を調べることを考えてみよう．N 個の粒子の座標ベクトルを $r_1, r_2, \cdots, r_N$ と書くことにし，粒子間にポテンシャル力が働いているとすれば，その運動方程式は，

$$m_i \frac{\mathrm{d}}{\mathrm{d}t} v_i = -\nabla_i \Phi(r_1, r_2, \cdots, r_N) \tag{1.1}$$

と書ける．ただし m_i は i 番目の粒子の質量である．Φ は力のポテンシャルであって，一般にはこのように粒子の座標全体に依存する．また v_i は i 番目の粒子の速度で，

$$\frac{\mathrm{d}}{\mathrm{d}t}\bm{r}_i = \bm{v}_i \tag{1.2}$$

である．初期時刻（それを $t=0$ とする）における条件，つまり，すべての粒子の座標 $\bm{r}_i(0)$，速度 $\bm{v}_i(0)$ を与えると，その後の任意の時刻における座標と速度 $\{\bm{r}_i(t), \bm{v}_i(t)\}$ を求めることができる．すなわち初期条件を式 (1.1) および式 (1.2) の右辺に代入し，それぞれ $\mathrm{d}t/m_i$ と $\mathrm{d}t$ を掛ければ，$t=0$ から $\mathrm{d}t$ だけ経過したときの速度および座標の増分 $\mathrm{d}\bm{v}_i$ および $\mathrm{d}\bm{r}_i$ が得られる．したがって時刻 $t=0+\mathrm{d}t$ における座標は $\bm{r}_i(0)+\mathrm{d}\bm{r}_i$，速度は $\bm{v}_i(0)+\mathrm{d}\bm{v}_i$ と求まる．この手続を繰り返せば，原理的には運動を完全に知ることができる．すなわち方程式の (1.1) および (1.2) と初期条件とは，運動を完全に決定することができるものである．

しかし実際に巨視系を対象としてこのプログラムが実行できるだろうか．いま仮に1秒かかって粒子1個の初期条件が書けたとしても，初期条件を書くだけで 10^{22} 秒 $\simeq 10^{14}$ 年，すなわち宇宙の年齢の一万倍以上も時間がかかってしまう．このような方程式の組を解くなどとても話にならないが，仮に解いたとしても，こんな調子だから，得られた情報を駆使するなどまったく不可能である．

われわれが実際にこのような巨視系に対処しているやり方では，このような詳細な情報はまったく知らないまま，その系に関するごく少数の特別な物理量だけを問題にしており，粒子個々の運動は問題にしない[*]．このときその物理量は体系全体に関する量であって，例えば全質量とか，体系が占めている全体積とか，体系全体のエネルギーとかいった量である．これらは，基本的には粒子個々に関する力学的な量の和[**]になって

---

[*] われわれは，原子物理の実験において，例えば分子1個のふるまいを問題にし，それを観測することもある．
[**] 質量とか体積とかが和になっていることはわかるが，エネルギーに関しては話は簡単ではない．これは後ほど1.2節で説明する．

いるという特徴がある．これらを**巨視量**とよぶ．われわれが巨視系に関して観測する量は巨視量だけである．したがってこのことからただちにわかるように，われわれが巨視系に対してもっている初期条件はまったく不完全（10^{20} のうち1個程度）であり，したがってこのような運動方程式の解としては不定さに満ちている．こんな不完全な観測量の間に，一定の客観的な法則が成り立ちうるものであろうか．

しかし現実にわれわれは，巨視的世界に成立している独特な法則を知っている．それはどんな特徴をもつ法則か例をあげよう．

例1 粘性流体の中を直線運動する球

球の半径を a，流体の粘性係数を η とすると，球に働く粘性力は球の速度 $\boldsymbol{v}$ に比例し，$-6\pi a\eta\boldsymbol{v}$ で与えられる．したがってこの流体中における球の有効質量を M とすれば，運動方程式は，

$$M\frac{\mathrm{d}}{\mathrm{d}t}\boldsymbol{v} = -6\pi\eta a\boldsymbol{v} \tag{1.3}$$

で与えられる[*]．これは簡単に積分できて，

$$\boldsymbol{v}(t) = \boldsymbol{v}(0)e^{-t/\tau} \tag{1.4}$$

$$\tau \equiv \frac{M}{6\pi\eta a} \tag{1.5}$$

となる．この形から，時間が τ だけ経過するごとに，速度は $1/e$ 倍に減衰することがわかる．したがって十分時間がたつと，速度はいくらでも小さくなる．これを，"$t\to\infty$ で $\boldsymbol{v}\to 0$" と表す．このことによって，過去と未来を区別することができる．速度が小さくなる時間経過が，過去から未来に向かっているのである．

このことを運動方程式の特徴として表現するには，次のよう

---

[*] 球が運動するとき流体の運動を伴うので，その分として $(1/2)(4\pi/3)a^3\rho$（ρ は流体の密度）だけ球の質量が増したようにふるまう．M はこの増分を含む有効質量である．

にすると簡明である．方程式 (1.3) において，変数 t の符号を逆転する．つまり変数変換 $t \to -t$ を行う．この操作を**時間反転**とよぶ．このとき速度の定義である式 (1.2) において左辺の符号が変るから，速度も $\boldsymbol{v} \to -\boldsymbol{v}$ のように変換される．そこでいま問題にしている運動方程式 (1.3) を見ると，右辺は $\boldsymbol{v}$ の変換だけ考えればよいから，これは符号を変える．これに対し左辺は，この変換で $\mathrm{d}\boldsymbol{v} \to -\mathrm{d}\boldsymbol{v}, \mathrm{d}t \to -\mathrm{d}t$ と変換されるため符号は変らない．すなわち運動方程式 (1.3) は，時間反転によって，

$$M\frac{\mathrm{d}}{\mathrm{d}t}\boldsymbol{v} = +6\pi\eta a\boldsymbol{v} \tag{1.6}$$

の形になり，もとと違った形の方程式となる．

ところがこの観点で運動方程式 (1.1) を見ると，時間反転 $t \to -t$ によってこの方程式は，同じ形，

$$m_i\frac{\mathrm{d}}{\mathrm{d}t}\boldsymbol{v}_i = -\nabla_i \Phi(\boldsymbol{r}_1, \boldsymbol{r}_2, \cdots, \boldsymbol{r}_N)$$

になり，不変である．いい換えると，方程式 (1.1) が成立する世界では，過去の方向と未来の方向とが本質的に差違がない．それに対して，運動方程式 (1.3) が成立する世界では，過去と未来とはまったく違う．式 (1.3) が成立する方向が未来への方向であって，逆の方向に対しては法則がまったく異っている．

方程式 (1.3) の解である式 (1.4) の示す基本的な特徴は，$t \to \infty$，すなわち時間が十分経過すると，どんな初期条件 $\boldsymbol{v}(0)$ から出発しても，結局は $\boldsymbol{v}=0$ になってしまうという点である[*]．この終状態に近づく速さは，式 (1.5) の τ という特性時間で表現できる．τ を**緩和時間**とよぶ．有効質量 M は球の体積 $(4\pi/3)a^3$ に比例するから，緩和時間は，球の半径の 2 乗に比例する．

例 2 不均一な温度分布の緩和

簡単な例として温度分布が，

---

[*] このとき 3 ページの註で述べた流体の運動も止ってしまうことに注意．

$$T(x,t) = T_0 + T_1(t)\sin\frac{2\pi}{L}x \tag{1.7}$$

で与えられる,長さ L の棒 ($0\leq x\leq L$) を考えよう.熱伝導の法則によると,熱の流れは温度こう配に比例する.すなわち,x のところで切った断面を通る熱流 Q は,棒の断面積を A として,

$$Q(x,t) = -A\kappa\frac{\partial}{\partial x}T(x,t) \tag{1.8}$$

で与えられる.κ は**熱伝導率**とよばれ,物質の種類で決っている定数(物質定数)である.図 1.1 に示したように,断面 x と断面 $x+\mathrm{d}x$ にはさまれた棒の部分に,$\mathrm{d}t$ 時間にたまるエネルギーは,

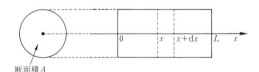

断面積 A

図1.1 棒の熱伝導

$$[Q(x,t)-Q(x+\mathrm{d}x,t)]\mathrm{d}t = -\frac{\partial Q(x,t)}{\partial x}\mathrm{d}x\mathrm{d}t$$

である.これだけの熱エネルギーを受けて,棒のこの部分の温度がどう変化するかを見てみよう.棒の比熱を c と書くと,棒の部分 $(x, x+\mathrm{d}x)$ の質量は $\rho A\mathrm{d}x$ (ρ は棒の密度)なので,その熱容量は $\rho c A\mathrm{d}x$ である.したがって温度変化を $\mathrm{d}T$ とすると,

$$\rho c A\mathrm{d}x\mathrm{d}T = -\frac{\partial Q}{\partial x}\mathrm{d}x\mathrm{d}t$$

が成り立つ.これから温度変化の速さ $\partial T/\partial t$ に対して,

$$\rho c A\frac{\partial T}{\partial t} = -\frac{\partial Q}{\partial x} \tag{1.9}$$

が得られる.これに式 (1.8) を代入すると次のようになる.

$$\frac{\partial T}{\partial t} = \frac{\kappa}{\rho c}\frac{\partial^2 T}{\partial x^2} \tag{1.10}$$

これが温度分布の変化を支配する法則である．

式 (1.10) に式 (1.7) の形を代入すると，この方程式は，

$$\frac{\partial T_1}{\partial t} = -\frac{\kappa}{\rho c}\left(\frac{2\pi}{L}\right)^2 T_1 \tag{1.11}$$

となって，例1の式 (1.3) と同じ型の法則になる．今度は時間反転で T_1 は不変だが，$\partial T_1/\partial t$ が符号を変えるので，方程式 (1.11) はやはり式 (1.6) に対応した次の形に変換される．

$$\frac{\partial T_1}{\partial t} = +\frac{\kappa}{\rho c}\left(\frac{2\pi}{L}\right)^2 T_1$$

すなわち時間反転でまったく違った法則に変ってしまう．今の場合，緩和時間 τ は，

$$\tau = \frac{\rho c}{\kappa}\left(\frac{L}{2\pi}\right)^2 \tag{1.12}$$

で与えられることになるが，やはり温度不均一の長さ L の2乗に比例する．これで特徴づけられる時間で，温度分布が一様な状態に緩和してゆく．終状態は一様な温度分布 T_0 であって，これはもう変化しない．

以上の例から見られるように，巨視的なスケールの法則では，系の状態は一般に，巨視的な大きさの緩和時間（巨視的な長さの2乗に比例する）をもって，巨視的運動が存在しない終状態に近づいてゆく．この終状態を**熱平衡状態**とよぶ．この運動方程式は，時間反転してみるとまったく異なった法則へ移ってしまう．これら巨視系は，アボガドロの数 6×10^{23} の程度のばく大な個数の粒子から構成されている．これらのミクロな粒子が従う運動方程式は実は量子力学であるが，その運動方程式は，時間反転に対する性質に関する限りではニュートン方程式 (1.1) と同じで不変である．そうすると，同一の系が従う運動方程式が，一方では時間反転で変るのに，他方では不変ということになって，互いに矛盾することになる．この矛盾の解決を求める道はといえば，方程式 (1.1) を解く問題で述べた情報の不完全性や，初期条件や解についてわれわれが制御できるのは

ごく少数の変数に過ぎないこと，つまりわれわれの観測する物理量が巨視的なものであることに求めるよりほかないであろう．

　本書では主として熱平衡状態に関する物理を対象とする．すべての体系は，与えられた条件のもとで，それぞれの緩和時間をもってこの状態に落ち着く．したがってこの熱平衡状態については，簡明で普遍的な法則が支配していることが期待される．非平衡系の問題については，7章で簡単に触れるにとどめたい．

問　題

1.1.1 20°Cの水の粘性係数は約 $1.0\,\mathrm{N\cdot s\cdot m^{-2}}$ である．半径 $0.01\,\mathrm{m}$，有効質量 $0.1\,\mathrm{kg}$ の球が水の中を運動するとき，運動が静止に向かう緩和時間を求めよ．

1.1.2 常温における銅の熱伝導率は $4.03\,\mathrm{W\cdot cm^{-1}\cdot {}^\circ C^{-1}}$，比熱は $0.38\,\mathrm{J\cdot g^{-1}\cdot {}^\circ C^{-1}}$，密度は $8.9\,\mathrm{g\cdot cm^{-3}}$ である．長さ $10\,\mathrm{cm}$ の銅の棒の温度が一様になる緩和時間を求めよ．

1.1.3 水平な台に向かって球が落下する．衝突直前，直後の球の速度をそれぞれ v, v' とすると，次の式が成り立つ．

$$v' = -ev$$

e は跳ね返り定数とよばれ，台および球の物質の組合せで決る．e については次式が成り立つ．

$$0 < e < 1$$

このとき次の問に答えよ．

（ⅰ）n 回の衝突後の速度はどうなるか．$n \to \infty$ ではどうなるか．

（ⅱ）この法則を時間反転すると，どんな法則に変るか．それは成立するものか．

1.2 理想気体の圧力

1.1節で巨視的な観測量は，粒子個々に関する物理量の和になっていると述べたが，その例として，理想気体の圧力について考えてみよう．物理学では，自然に存在する系に関してある側面の特徴を簡明にとらえるために，構造ないし条件の理想化を行うことが多い．その結果自然に存在する体系の代りとして模型（モデル）を扱うこととなるが，このときモデルの善しあしが理論の値打を左右する．

理想気体は気体のモデルである．その特徴はまず質点の集合だということである．これは気体分子の大きさが無視できるほど稀薄になった実在気体の極限に対応する．しかし分子どうしは互いに頻繁に衝突しあって，エネルギーおよび運動量のやり取りを行っているものとし，その結果，分子の分布が場所的にもまた運動量についても，十分乱雑になっているものと考える．この状態を**分子的カオス（molecular chaos）**とよぶ．

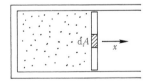

図1.2 気体をピストンで閉じ込める

いま気体は，シリンダー中にピストンで閉じこめてあり，その中で熱平衡状態にあるものとする．気体の圧力を P とすると，ピストンの底面にとった微小面積 dA に対して，気体は PdA の力を及ぼすので，外力 $F(=-PdA)$ を作用させておかないとつりあわない．ただし x 軸は図1.2のように気体の外に向かってとった．ここで気体を理想気体のモデルに従って考えると，力のつりあいという観点ではなくて，気体分子に外力を働かせて加速しているという風に見ることになる．しかも気体分子はピストンに衝突したときだけ外力を受けるので，加速度

を考える代わりに運動量変化という見方をとる方がよい．このとき dA という面積は，巨視的な観点からいうと微小だが，分子のスケール（今の場合，分子間の距離）で見ると非常に大きいものとする．また気体の運動量変化を考える時間 dt も，巨視的には微小だが分子の時間スケール（分子間の距離を分子が飛ぶのに要する時間）ではきわめて長いものと考える．このような dA, dt をとることによって初めて巨視的な概念であるところの"圧力"が存在しうるのである．もしそうでなくて，dA や dt が小さすぎると，ある dt では dA に衝突する分子があるが他の dt ではまったくどの分子も衝突しないということになるであろう．このような**ゆらぎ**が激しい力は，われわれが熱平衡状態で考えている圧力の概念とは大きく違う．

さて運動量の x 成分が $p_x > 0$ である分子は dA に衝突した後，その運動量が $-p_x$ になるから，その変化は $-2p_x$ である．ただし壁との衝突は弾性的なものであって，鏡反射の法則に従うものと考えた．

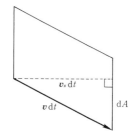

図1.3 $\boldsymbol{v}dt$ を母線とする斜筒

dt 時間に dA に衝突するこの種の（運動量の x 成分が p_x の）分子は，その速度 $\boldsymbol{v}$ の x 成分を v_x とすると，dA の上に立てた $\boldsymbol{v}dt$ を母線とする斜筒（体積 $v_x dt dA$）の中にあるものだけである．この斜筒の天井のところにあったこの種の分子が dt 時間後に dA に衝突する最後のものになる．したがって，この種の分子の数密度を $n(\boldsymbol{p})$ と書けば，dA で時間 t から $t+dt$ の内に起る運動量変化の全体は，

$$\sum_{p_x>0}(-2p_x)\,n(\boldsymbol{p})\,v_x\mathrm{d}t\mathrm{d}A = -2\sum_{p_x>0}n(\boldsymbol{p})\,p_xv_x\mathrm{d}A\mathrm{d}t \quad (1.13)$$

で与えられる．この和は，種々の $\boldsymbol{p}$ についてとるのであるが，これから $\mathrm{d}A$ に向かって行くもの，すなわち $p_x>0$ のものだけに限ってとらなければならない．

他方外力がこの時間の間に気体に加えた力積は $F\mathrm{d}t = -P\mathrm{d}A\mathrm{d}t$ である．運動量の変化は加わる力積に等しいので，これを上記の分子論的な表式と等しいとおいて，

$$P = 2\sum_{p_x>0}n(\boldsymbol{p})\,p_xv_x \quad (1.14)$$

を得る．これはまた，

$$P = 2\sum_{\substack{p_x>0 \\ \text{単位体積}}} p_xv_x \quad (1.15)$$

の形の，分子各々についての和の形に書ける．和記号につけた条件は，単位体積中の $p_x>0$ の分子すべてについて和をとる，という意味である．これはさらに，$p_x<0$ のものは $v_x<0$ であり，また molecular chaos では，運動量 $\boldsymbol{p}$ をもつ分子の数と，$-\boldsymbol{p}$ をもつ分子の数が等しいはずだから，次のように書いておくこともできる．

$$P = \sum_{\text{単位体積}} p_xv_x \quad (1.16)$$

あるいはむしろ，着目する体積 V をかけて，

$$PV = \sum p_xv_x \quad (1.17)$$

の形にしよう．右辺の和は体積 V の中にあるすべての分子について，p_xv_x という量を加え合せる，という意味である．PV という巨視量が各分子に関する量 p_xv_x の和になっているという意味で，この関係は 1.1 節で述べたことの一例になっている．

この右辺をもう少し変形しよう．速度は，ハミルトニアン $\mathscr{H}$ を用いて，

$$\boldsymbol{v} = \dot{\boldsymbol{r}} = \frac{\partial \mathscr{H}}{\partial \boldsymbol{p}} \quad (1.18)$$

と書かれるから，式 (1.17) はまた，

$$PV = \sum_{i=1}^{N} p_{ix}\frac{\partial \mathcal{H}}{\partial p_{ix}} \tag{1.19}$$

と書くことができる．ここでは分子についての和をもっとあらわに書き表した．もともと圧力は等方的な概念である．つまりピストン面が y 軸に垂直でも，z 軸に垂直でも，x 軸に垂直のものと同一の値が得られることは，molecular chaos の場合保障されている．そうすると，次のように書ける．

$$\begin{aligned}PV &= \frac{1}{3}\sum_{i}\left(p_{ix}\frac{\partial \mathcal{H}}{\partial p_{ix}} + p_{iy}\frac{\partial \mathcal{H}}{\partial p_{iy}} + p_{iz}\frac{\partial \mathcal{H}}{\partial p_{iz}}\right) \\ &= \frac{1}{3}\sum_{i}\boldsymbol{p}_i \cdot \frac{\partial \mathcal{H}}{\partial \boldsymbol{p}_i}\end{aligned} \tag{1.20}$$

ところで，分子が内部構造のない質点と見なしうる場合には，ハミルトニアンとして，その重心運動の運動エネルギーだけ考慮すればよいから，

$$\mathcal{H} = \sum_{i}\frac{p_i^2}{2m_i} \tag{1.21}$$

ととることができる．m_i は i 番目の分子の質量である．式 (1.21) を式 (1.20) に代入すると，

$$PV = \frac{1}{3}\sum_{i=1}^{N}\boldsymbol{p}_i \cdot \frac{\boldsymbol{p}_i}{m_i} = \frac{2}{3}\mathcal{H} \tag{1.22}$$

を得る．熱力学では，巨視的に静止しているときのエネルギーを**内部エネルギー**（U と書こう）というが，この場合 $\mathcal{H}$ は静止した気体の全エネルギーであるから，U と同一視できる．

$$PV = \frac{2}{3}U \tag{1.23}$$

これを**ベルヌーイの定理**とよぶ．

この定理は，係数 2/3 は別として，実験的に検証できる．それには例えば，Joule と Thomson とが行った次の実験を考えればよい．その装置は，図 1.4 に示したように，断熱壁でできたシリンダーの中に，例えば素焼でできた断熱多孔質の栓 S を固定し，それを間にはさんでピストン K_1 と K_2 とをつけたものである．最初 K_2 は S に密着させ，K_1 と S の間に気体を閉じ

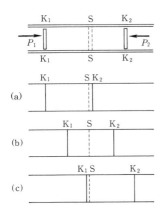

図1.4 ジュールとトムソンの実験

込める (a)．その圧力を P_1，体積を V_1 とする．P_1 より少し低い圧力 P_2 に相当する外力を K_2 にかける．気体は S を通り，きわめてゆっくりと SK_2 の間に移動し，そこで圧力 P_2 の状態になる．ピストン K_1 は，SK_1 の間に残った気体の圧力を P_1 に保つようにしながら，S に向かって移動する (b)．こうして気体を全部 SK_2 の間に移す (c)．そのときの気体の体積を V_2 としよう．

シリンダーの断面積を A とすれば，K_1 にかかっている外力の大きさは P_1A，また S の方向へのピストンの変位を dl_1 とすれば，外力が気体に対してした仕事は $P_1Adl_1 = -P_1dV_1$ と書ける．符号マイナスは，気体の体積が減少 ($dV_1<0$) するとき外力が正の仕事をすることを示す．同じように，SK_2 間の気体に対して外力がする仕事も $-P_2dV_2$ と書ける．したがって，上で述べた実験の全過程で外力が気体に対してした仕事 W は次のようになる．

$$W = -P_1\int_{V_1}^{0} dV_1 - P_2\int_{0}^{V_2} dV_2 = P_1V_1 - P_2V_2 \tag{1.24}$$

気体のエネルギーはこれだけ増加したはずであるから，

$$U_2 - U_1 = P_1V_1 - P_2V_2 \tag{1.25}$$

ただし U_1, U_2 は過程の前後における気体の内部エネルギーである．この関係は適当に移項してみればわかるように，

$$U_1 + P_1 V_1 = U_2 + P_2 V_2 \tag{1.26}$$

すなわち，

$$H \equiv U + PV \tag{1.27}$$

という量が上の過程で保存されることを示している．式 (1.27) で定義される量を**エンタルピー**（enthalpy）または**仕事関数**とよぶ．

ところで実際に行った実験によれば，過程の前後の圧力と体積とを測定して比較すると，

$$P_1 V_1 = P_2 V_2 \tag{1.28}$$

がよく成立する．しかも用いた気体が稀薄なほど，この関係がよく成り立つ．この条件はこの節の初めで述べた理想気体のモデルに相当する．式 (1.28) は式 (1.26) により，

$$U_1 = U_2 \tag{1.29}$$

を意味する．これと式 (1.28) を合せると，PV が U のみの関数だと結論できる．

PV が U に比例することをいうには，次のように考えればよい．例えば上記の実験過程前の気体を考える．体積は V_1 であるが，気体はいたるところ一様である．すなわち，巨視的に微小な互いに等しい体積部分を，V_1 の中に任意に2か所とってみると，その中にある分子数が（平均において）等しい．したがって分子数密度が等しい．またその2か所では圧力も（平均において）等しい．これが，一様であることの意味である．この数密度とか圧力は局所的な意味をもつ量であって，全体系がどんな大きさかには依存していない．この種の量を**示強性**（intensive）の量とよぶ．

さてこの体積 V_1 の半分を考えると，エネルギー U_1 も半分になる．また $P_1 V_1$ という量も，P_1 が示強性であって今の場合一定，すなわち一様であるから，やはり半分になる．この種の量を**示量性**（extensive）の量とよぶ．エンタルピーもまた示量

性の量である．

量をこのように分類して考えてみると，上で得た結論，PV が U だけの関数だということは，定数係数 a により，

$$PV = aU \tag{1.30}$$

という形で書けることにほかならない．先ほど述べたように全系を p 倍してもこの等式が成立することが要請されるからである．ベルヌーイの定理 (1.23) によれば，この比例定数 a は 2/3 であるが，この実験では a の値を定めることはできない．

問　題

1.2.1 1モルの理想気体の状態方程式は，次のように表される．

$$PV = RT$$

ただし，R は気体定数（$R = 8.3$ J·K^{-1}），T は絶対温度（T(K) $\simeq t$(℃) $+273$）である．常温における空気分子の平均の速さはおよそいくらか．ただし，空気の平均の分子量は 29 である．

1.2.2 温度を一定に保った壁で四方を囲んだ空間（空洞）は壁から放射される電磁波で満たされる．これを熱放射という．熱放射はフォトン（電磁場の量子）の理想気体と見ることができ，フォトンの1粒子のハミルトニアンは次式で与えられる．

$$\mathcal{H} = cp$$

ただし，c は光速である．このとき，熱放射のもつ圧力 P について，次の式が成り立つことを示せ．

$$PV = \frac{1}{3}U$$

1.3　エネルギー移動——仕事と熱

ここでも，ピストンつきシリンダー内につめた気体の例を考えよう．気体から外に向かって x 軸をとる．ピストンを速さ u で

ゆっくり引き出すとしよう．u はきわめて小さいものとする．だが単に小さいといっても，物理的には意味がない．どの速さと比べて小さいのかをいう必要がある．今の場合，後でわかるのだが，気体分子の速さと比較してのことである．この場合，分子とピストンの衝突は前と同様に弾性衝突だとすれば，衝突前後の気体分子の運動量の関係は次のように書かれる．

$$p'_x - mu = -(p_x - mu) \tag{1.31}$$

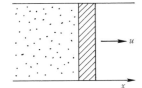

図1.5 速さ u で動くピストン

p' は衝突後の運動量を示す．ここで，ピストンに静止した座標系で見たとき，1.2節で述べた鏡反射の法則が成立すること，および u で動いている座標系への変数変換で，運動量は，

$$p \to p - mu \tag{1.32}$$

と変換されることを用いた．m は着目している分子の質量である．

ところでこの衝突によるエネルギー変化 $\Delta\varepsilon$ は，

$$\Delta\varepsilon = \frac{p'^2_x}{2m} - \frac{p_x^2}{2m} \simeq -2p_x u + \cdots \tag{1.33}$$

で与えられる．ここで u についての2次の項は省略した．これは上に述べた $|p_x|/m \gg u$ という仮定による．式 (1.33) を見ると $p_x > 0$ だから，ピストンが押し込まれていると衝突する気体分子のエネルギーが増し，逆に引き抜かれていると減ることがわかる．

一方，時間 $\mathrm{d}t$ 内にピストン面 $\mathrm{d}A$ に衝突する分子の数は，$u \ll v_x$ であることからピストンが動いていることによる補正を省略すれば，1.2節と同様に，

$$n(\boldsymbol{p}) v_x \mathrm{d}t \mathrm{d}A \tag{1.34}$$

である．したがってエネルギー変化は，

$$dU = \sum_{p_x>0} \Delta\varepsilon(\boldsymbol{p})\,n(\boldsymbol{p})\,v_x dt dA$$
$$= -2\sum_{p_x>0} p_x v_x n(\boldsymbol{p})\,u\,dt\,dA \tag{1.35}$$

で与えられることになる．ところでここに $u dt dA$ は時間 dt 内に生じた気体の体積変化 dV に等しいから，式（1.35）はさらに，

$$dU = -2\sum_{\substack{p_x>0 \\ \text{単位体積}}} p_x v_x dV \tag{1.36}$$

と書ける．1.2 節で述べたように，圧力 P の気体が体積変化 dV を行ったとき，気体に加えた仕事は，

$$d'W = -P dV \tag{1.37}$$

であった．式（1.36）をこれと比較することにより，

$$P = 2\sum_{\substack{p_x>0 \\ \text{単位体積}}} p_x v_x \tag{1.38}$$

が得られる．これはまさに，1.2 節で理想気体に関して導いた式（1.15）である．

以上の計算は，気体の分子的構造は考慮に入れたが，ピストンについてはそのような配慮をいっさいしなかった．ピストンももちろん分子から構成されている．このことを考慮に入れると，上で述べた"仕事"とは異なった新しい型のエネルギー移動が存在することがわかる．

この問題を考えるには，ピストンを形づくる固体がどのような原子構造をもつかを知らねばならない．基本的には式（1.1）に現れたポテンシャルエネルギー $\varPhi(\boldsymbol{r}_1, \boldsymbol{r}_2, \cdots, \boldsymbol{r}_n)$ が最小という条件が原子配置を決めるであろう．これに加わる副次的な因子として，熱振動とか，不純物原子の混入があり，また量子論的な零点振動も効果をもたらす．だが，ここではひとまずこれらの効果を忘れよう．

話を簡単にするため，固体は 1 種類の原子からなるものとす

る．エネルギーが最低の状態では，これらの原子は規則的に配列している．これが，各原子の力学平衡の位置であるが，原子は一般にはその点のまわりに微小振動を行っている．原子間には相互作用があるから，原子は互いに関連して連成振動を行う．これが格子振動とよばれるものである．しかしここでは，単に各原子は，周囲の原子が及ぼす平均的な力の場の中で独立に振動するものと考えよう．これを，固体の**アインシュタイン模型**とよぶ[*]．

いま，このような原子的構造をもつピストンと，これに衝突してくる気体分子との力学を議論するため，図1.6のような1次元モデルを考える．Mはピストン表面の1個の原子であって，平衡点のまわりに振動している．ピストンは巨視的にみて静止している（$u=0$）から，Mの平衡点は静止しているとしなければならない．

図1.6 固体の一次元モデル

さていま衝突は瞬間的に起って，その間に格子の原子は変位しないものとしよう[**]．衝突の前後で運動量とエネルギーとがそれぞれ保存される．衝突前の気体分子の運動量（の x 成分）を p，固体原子の速度（の x 成分）を v とし，衝突後のそれぞれの値を p', v' とすれば，次の式が成り立つ．

$$p' + Mv' = p + Mv \tag{1.39}$$

---

[*]　このモデルは高温の固体を表すのに適当なものと考えられている．低温になると連成振動を考慮しなければならない．

[**]　実際には，気体分子と固体原子の間に働く相互作用の大きさと作用半径は，固体原子どうしの相互作用の大きさとその作用半径と同じ程度であるので，この瞬間衝突の仮定はあまり現実的ではない．しかしいま目的としている問題にはこれで間に合う．

$$\frac{p'^2}{2m}+\frac{1}{2}Mv'^2 = \frac{p^2}{2m}+\frac{1}{2}Mv^2 \tag{1.40}$$

式 (1.39) を v' について解き，式 (1.40) に代入して整理すると，

$$\frac{m+M}{2mM}(p'-p)\left(p'-\frac{m-M}{m+M}p-\frac{2mM}{m+M}v\right)=0$$

が得られる．実際に衝突が起るためには $p'\neq p$ であるはずだから，$p'=p$ 以外の解，すなわち，

$$p' = \frac{m-M}{m+M}p + \frac{2mM}{m+M}v \tag{1.41}$$

でなくてはならない．これを用いると，衝突による気体分子のエネルギー変化（これはもちろん固体原子のエネルギー損失に等しい）は，

$$\Delta\varepsilon \equiv \frac{p'^2}{2m}-\frac{p^2}{2m}$$
$$= \frac{2M}{(m+M)^2}[Mmv^2+(m-M)pv-p^2] \tag{1.42}$$

に等しいことがわかる．右辺を因数分解すると，次のようになる．

$$\Delta\varepsilon = \frac{2M}{(m+M)^2}(-p+mv)(p+Mv) \tag{1.43}$$

この表式からわかるように，p が mv と $-Mv$ の間の値であるとき $\Delta\varepsilon$ が正，そうでないときは $\Delta\varepsilon$ が負である．これは気体とピストンとの間でどちら向きにもエネルギーが移りうることを示す．

さて今まで気体分子と固体原子との1対についてその衝突を調べてきたが，これからピストンにとった巨視的スケールの面積内の固体原子を考え，それにそれぞれ衝突してくる，上述のような気体分子があるものとしよう．これはばく大な数の粒子対の衝突を考えることになる．短い時間 Δt を考え，その時間 Δt の間に起るすべての衝突について式 (1.42) の和をとると，次のようになる．

$$\Delta E = \sum\Delta\varepsilon$$

$$= \frac{2M}{(m+M)^2}\sum[Mmv^2+(m-M)pv-p^2] \quad (1.44)$$

これは時間 Δt の間に固体から気体へ移るエネルギー量である．

ここで対象としているばく大な数の粒子対を分類して統計をとるやり方を整理しよう．まず，気体分子の運動量 $\boldsymbol{p}$ の大きさについては1.2節で取り扱ったやり方でよい．固体原子の方は，簡単のため，調和振動を行っているものとすれば，振幅と位相について考えればよい．固体原子の固有角振動数が，すべて同一で ω だとすれば（アインシュタイン模型），その変位 x は次のように書ける．

$$x = a\cos(\omega t+\alpha) \quad (1.45)$$

この振幅 a と初期 ($t=0$) 位相 α とで，固体振動子を分類して和をとる．α は $(0, 2\pi)$ の範囲で考えておけばよい．または現在の位相 $\omega t+\alpha$ で考えても，2π の倍数を適当に減じておけば，やはり $(0, 2\pi)$ の範囲にあるとしてよい．p と a とが共通の値をもっている粒子対だけに着目すると，それがもつ α の値はなおさまざまであろう．それはどんな分布をしているであろうか．α の値が違っていても，振幅 a が共通な限り，エネルギーは等しい．位相の特定の値を選択する理由がないから，α は $(0, 2\pi)$ の範囲で一様に分布しているものと仮定しよう．

この仮定によると，式（1.45）の変位から導いた速度，

$$v = \dot{x} = -a\omega\sin(\omega t+\alpha) \quad (1.46)$$

の α についての和（p と a は一定に止めておいて）を簡単にとることができる．α と $\alpha+\mathrm{d}\alpha$ の間の位相をもつ（一定の a の）固体原子の数は仮定により $N(a)\mathrm{d}\alpha/2\pi$ と書けるから，

$$\sum_{a\text{一定}} v = \frac{N(a)}{2\pi}(-a\omega)\int_0^{2\pi}\mathrm{d}\alpha\sin(\omega t+\alpha)$$
$$= \frac{N(a)}{2\pi}a\omega\Big[\cos(\omega t+\alpha)\Big]_0^{2\pi} = 0 \quad (1.47)$$

となり，式（1.44）の右辺第2項の和は消えてしまう．

式（1.44）を簡明に表現するため，和の代りに統計平均で書

こう．つまり粒子対の衝突に関する量 f の和を，

$$\sum f \equiv \langle f \rangle \Delta N \tag{1.48}$$

で定義された $\langle f \rangle$ で表す．ここで ΔN は時間 Δt 内に起る衝突の総数である．この書き方を用いると，式 (1.44) は，

$$\Delta E = \langle \Delta \varepsilon \rangle \Delta N = \frac{4mM}{(m+M)^2}\Big(\Big\langle \frac{1}{2}Mv^2\Big\rangle - \Big\langle \frac{p^2}{2m}\Big\rangle\Big)\Delta N \tag{1.49}$$

と書くことができる．v についての1次の項は $\langle v \rangle = 0$ により，統計平均で落ちたのである．

この結論は，式 (1.43) のすぐ後で述べた，個々の衝突についてのエネルギー移動とは，まったく異なった性質をもっている．実際この式 (1.49) は，もし $\langle Mv^2/2 \rangle$，すなわち固体原子の平均運動エネルギーが，気体分子のそれ $\langle p^2/2m \rangle$ より大きければ，衝突によって気体側へ移るエネルギーが平均として正である（$\langle \Delta \varepsilon \rangle > 0$）こと，反対に $\langle Mv^2/2 \rangle$ が $\langle p^2/2m \rangle$ より小さければ $\langle \Delta \varepsilon \rangle$ は負であることを示している．いずれにしても，気体分子および固体原子の平均エネルギーの差を解消する方向にエネルギーが移動するのである．こうして $\langle Mv^2/2 \rangle = \langle p^2/2m \rangle$ が成立する終局状態，すなわち熱平衡状態へ向かってエネルギー移動が進んでゆく．このとき固体原子の平衡位置は不変であり，ピストンは巨視的意味で静止している．したがって本節前半で述べたことにより，気体とピストンの間に仕事としてのエネルギー移動はない．それにもかかわらず，ピストンが原子から構成されていることを考えに入れることにより，このように特殊な法則に従うエネルギー移動が起っていることがわかった．この型のエネルギー移動，つまり仕事でないエネルギー移動を**熱**とよぶ．後で述べるが，$\langle p^2/2m \rangle$ は気体の温度，$\langle Mv^2/2 \rangle$ は固体の温度に相当する．

ここで重ねて注意すべきことは，終局の熱平衡状態においても，ある衝突では固体から気体への方向にエネルギーが移動し，他の衝突ではそれと逆の方向にエネルギーが移動していて，ただ全体として和をとる（すなわち平均する）と差引ゼロ

1.3 エネルギー移動——仕事と熱

であって,エネルギー移動がないということである.熱平衡でない状態でのエネルギー移動でも同様であって,個々の移動はいろいろであるが,総体として,上で述べた方向に熱が移るのである.

この終局状態に向かって現象が進むという法則の特徴は,出発点にとった力学にはなかったものである.これを時間反転という立場から眺め直してみよう.1つの衝突により気体分子の運動量が $p \to p'$,固体原子の速度が $v \to v'$ のように変化したとすれば,これを時間反転した衝突では $-p' \to -p$, $-v' \to -v$ となるので,時間反転の操作としては $p \to -p'$, $p' \to -p$ および $v \to -v'$, $v' \to -v$ の変数変換を行えばよい.この操作を,運動量およびエネルギーの保存則 (1.39), (1.40) に適用すると,左辺と右辺が入れ替わるだけであって,もと同一の式になる.すなわち"われわれが基礎においたこの2法則は時間反転に対して不変"である.

ところが多数の対について統計をとった結果である式 (1.49) は,時間反転によって左辺,

$$\Delta E = \Sigma\left(\frac{p'^2}{2m} - \frac{p^2}{2m}\right) \tag{1.50}$$

は符号を変える.これに対して右辺のかっこ内は $\langle Mv'^2/2 \rangle - \langle p'^2/2m \rangle$ に変る.しかし時間 Δt を巨視的にみて十分短くとれば,その間のエネルギーの変化は小さい.したがって式 (1.49) の右辺は時間反転に対して不変だと考えてよいであろう.式 (1.49) のこの変換性は 1.1 節で述べた式 (1.8) のそれと同じになっている.

このように出発点の法則と,到達した法則とで時間反転に対する性格が変ったのは,式 (1.44) でばく大な数の対について和をとるとき "初期位相の一様分布" を仮定したことに原因がある.実際,平均をとる前の式 (1.42) を時間反転すると,

$$-\Delta\varepsilon = \frac{2M}{(m+M)^2}[Mmv'^2 + (m-M)p'v' - p'^2] \tag{1.51}$$

となるが，この右辺は次のように変形できる．まず運動量の保存則 (1.39) に式 (1.41) を代入して v' について解くと次のようになる．

$$v' = \frac{2}{m+M}p - \frac{m-M}{m+M}v \tag{1.52}$$

これと式 (1.41) を式 (1.51) の右辺の [　] 内に代入して整理すると，

$$Mmv'^2 + (m-M)p'v' - p'^2 = p^2 - (m-M)pv - mMv^2 \tag{1.53}$$

であることがわかる．したがって式 (1.51) はまさに式 (1.42) そのもの，$\Delta\varepsilon = p'^2/2m - p^2/2m$ であって，式 (1.42) は時間反転に対して不変に成立する．したがってまた式 (1.44) も時間反転に対し不変な式である．このことは，すべて式 (1.39) と式 (1.40) とから導かれた関係であることを思えば，当然である．

問　題

1.3.1　面積 A の薄い板が，理想気体の中を板の面に垂直な向きに一定の速さ u で運動している．気体から板に働く力を求めよ．ただし，気体分子は板に完全弾性的に衝突するものとする．

1.4　巨　視　量

1.2 節において，式 (1.17) で与えられる量の特徴として，分子個々についての量の和になっていることを指摘した．この点がまた一般にわれわれが問題にする巨視量の特徴でもある．すなわち分子 1 個に関する力学量（式 (1.17) の場合には $p_x v_x$）を a と書くと，

$$A \equiv \sum_{i=1}^{N} a_i \tag{1.54}$$

で表される量が問題となる．i は分子につけた番号であり，a_i は分子 i についての a を表す．

さて理想気体に関して A を考える．分子が運動するので，時間の経過とともに a_i の値は変化していく．1.2 節の式 (1.17) の場合では，

$$a_i = p_{ix}v_{ix}$$

であって，分子 i が他の分子から力を受けず，等速直線運動を行っている間は一定のままであるが，他の分子と衝突すると変化して他の値をとる．こうして a_i は，1.3 節で述べたような，巨視的にはきわめて短いが微視的には長い時間の間に，種々の値をとっている．この時間全体を T，このうち a_i が α と $\alpha + d\alpha$ 間の値をとる時間の総計を $t(\alpha)d\alpha$ と書く．そうするともちろん，

$$T = \int_{-\infty}^{\infty} t(\alpha) d\alpha \tag{1.55}$$

である．この関数 $t(\alpha)$ は，T が十分大きければ，各分子に共通のものであろう．そこでこの a_i の値の統計分布を表すため次の分布関数を導入する．

$$p(\alpha) = \frac{t(\alpha)}{T} \tag{1.56}$$

このとき式 (1.55) に対応する条件は，

$$\int_{-\infty}^{\infty} p(\alpha) d\alpha = 1 \tag{1.57}$$

である．そして a を確率変数とし，その確率分布が $p(\alpha)$ で与えられるものと考える．例えば a_i の平均値 $\langle a_i \rangle$ は，

$$\langle a_i \rangle = \int_{-\infty}^{\infty} \alpha p(\alpha) d\alpha \tag{1.58}$$

で与えられる．この値は上で述べたことにより，どの分子についても同一である．

さて N 個の量 $a_1, a_2, \cdots, a_N$ がそれぞれ α_1 と $\alpha_1 + d\alpha_1$, α_2 と $\alpha_2 + d\alpha_2$, $\cdots$, α_N と $\alpha_N + d\alpha_N$ の間の値をとる確率を一般に，

$$P_N(\alpha_1, \alpha_2, \cdots, \alpha_N) d\alpha_1 d\alpha_2 \cdots d\alpha_N$$

のように書くことにしよう．特にわれわれが取り扱っている理想気体では，各分子は独立に運動しているので，各分子の a_i が種々の値をとるのは，統計の言葉でいう独立事象と考えてよい．したがって P_N は，次の形をとる．

$$P_N(a_1, a_2, \cdots, a_N) = p(a_1)p(a_2)\cdots p(a_N) \tag{1.59}$$

このとき例えば2個の分子に関する量 a_1, a_2 の平均は，

$$\begin{aligned}
\langle a_1 a_2 \rangle &= \int_{-\infty}^{\infty}\cdots\int_{-\infty}^{\infty} a_1 a_2 P_N(a_1, a_2, \cdots, a_N)\,da_1 da_2\cdots da_N \\
&= \int_{-\infty}^{\infty}\int_{-\infty}^{\infty} a_1 a_2 p(a_1)p(a_2)\,da_1 da_2 \\
&= \int_{-\infty}^{\infty} a_1 p(a_1)\,da_1 \int_{-\infty}^{\infty} a_2 p(a_2)\,da_2
\end{aligned} \tag{1.60}$$

のように書けるから，次式が成立する．

$$\langle a_1 a_2 \rangle = \langle a_1 \rangle \langle a_2 \rangle \tag{1.61}$$

さてわれわれの巨視量 A はこの a_i の和（1.54）になっているから，a_i が種々の値をそれぞれ独立にとるので，A も種々の値をもつであろう．その様子を調べよう．まず平均値 $\langle A \rangle$ は，次のように計算される．

$$\begin{aligned}
\langle A \rangle &= \int_{-\infty}^{\infty}\cdots\int_{-\infty}^{\infty} A P_N(a_1, \cdots, a_N)\,da_1\cdots da_N \\
&= \sum_{i=1}^{N} \int_{-\infty}^{\infty} a_i p(a_i)\,da_i \cdot \prod_{j\neq i}{}' \int_{-\infty}^{\infty} p(a_j)\,da_j \\
&= \sum_{i=1}^{N} \langle a_i \rangle \\
&= N\langle a \rangle
\end{aligned} \tag{1.62}$$

最後の答はすべての $\langle a_i \rangle$ が相等しいことを考慮して書いた．

前に述べたように，この平均値と異なる A の値も，ある確率をもって実現される．これを A の**ゆらぎ**というが，それを次に調べよう．ゆらぎの程度を表すのに，この平均値からのずれの2乗平均（平均2乗偏差），

$$\langle (A-\langle A \rangle)^2 \rangle \tag{1.63}$$

を用いる．ずれの単純な平均は定義により消えてしまうので用をなさないからである．これはまた，次のようにも書けること

1.4 巨視量

を注意しておく．

$$\langle (A-\langle A\rangle)^2\rangle = \langle (A^2-2\langle A\rangle A+\langle A\rangle^2)\rangle$$
$$= \langle A^2\rangle -2\langle A\rangle \langle A\rangle +\langle A\rangle^2$$
$$= \langle A^2\rangle -\langle A\rangle^2 \tag{1.64}$$

さて A が式 (1.54) のような構造をもっていると式 (1.64) により平均2乗偏差は，

$$\langle (A-\langle A\rangle)^2\rangle = \sum_i\sum_j\langle a_ia_j\rangle -\sum_i\sum_j\langle a_i\rangle \langle a_j\rangle \tag{1.65}$$

と書ける．式 (1.60) にならって，実際に式 (1.59) を用いて計算を実行してみると，

$$\langle a_ia_j\rangle = \begin{cases} \langle a_i^2\rangle & i=j \text{ のとき} \\ \langle a_i\rangle \langle a_j\rangle & i\neq j \text{ のとき} \end{cases} \tag{1.66}$$

であることが容易にわかる．ただし，

$$\langle a_i^2\rangle = \int_{-\infty}^{\infty} a_i^2 p(a_i)\,\mathrm{d}a_i \tag{1.67}$$

である．ここでさらに $p(a)$ という関数がどの分子に対しても同一であることを用いると，

$$\langle (A-\langle A\rangle)^2\rangle = N\langle a^2\rangle +N(N-1)\langle a\rangle^2 -N^2\langle a\rangle^2$$
$$= N(\langle a^2\rangle -\langle a\rangle^2) \tag{1.68}$$

に帰着する．すなわち a_i 各個の平均2乗偏差の和になっている．したがって値のずれの幅は，

$$\sqrt{\langle (A-\langle A\rangle)^2\rangle} = \sqrt{N}\sqrt{\langle (a-\langle a\rangle)^2\rangle}$$

となるが，むしろ平均値自身 (1.62) との比で問題になるはずだから，

$$\frac{\sqrt{\langle (A-\langle A\rangle)^2\rangle}}{\langle A\rangle} = \frac{1}{\sqrt{N}}\frac{\sqrt{\langle (a-\langle a\rangle)^2\rangle}}{\langle a\rangle} \tag{1.69}$$

を考えなければならない．この結果で注目すべきことは，この相対偏差が $\sqrt{N}$ に逆比例していることである．1.1節で述べたように，われわれが統計力学あるいは熱力学で取り扱う体系では，粒子数が 10^{20} 以上であるから，ゆらぎは相対偏差でいうと 10^{-10} 以下ということになる．体系は分子から構成されていて，

分子の状態のゆらぎに伴って，体系全体に関する巨視量もゆらいでいるには違いない．しかし上で述べたことは，10けた以上の精度でゆらぎは無視できる，つまり巨視量は確定した値をもっていると見なしてよいことを示している．この事実があればこそ熱力学という，ゆらぎを無視した理論体系が成立しうるのである．この体系については章を改めて説明しよう．

終りに少し補足を加えておく．上述では理想気体を問題にしたので，微視量つまり力学量 a_i と a_j とは長時間を考えると独立に変動し，その値の分布は式（1.59）で記述されるとした．式（1.69）の結果はそれに基づいている．それでは，もしこの仮定が成立せず，変動が独立でない場合——これが通常問題となる場合の状況だが——結論はどのように変るであろうか？

要点は式（1.65）に現れている $\langle a_i a_j \rangle$ の評価である．$i \neq j$ の場合に限ることにして，これを $\langle (a_i - \langle a_i \rangle)(a_j - \langle a_j \rangle) \rangle + \langle a_i \rangle \langle a_j \rangle$ の形に変形しておく．第2項が上で述べたゆらぎが独立な場合の値であるから，問題は第1項である．これは $\delta a_i \equiv a_i - \langle a_i \rangle$ がある値をとっていると，それにつられて $\delta a_j = a_j - \langle a_j \rangle$ もそれに近い値をとるという性質があったとすれば，δa_i に種々の値をとらせても今度は全体として消えないで残ることになる．これを**統計的相関**があるという．ふつう実際には統計的相関が生ずるのは，分子が互いに近い距離にあって力学的相互作用を及ぼし合うためである．したがって i をとめて考えたとき $\langle \delta a_i \delta a_j \rangle$ が消えないで残るような j の数は，N に比べてきわめて小さい．つまり微視的な数である．それを z 個とするならば，消えない $\langle \delta a_i \delta a_j \rangle$ の値の程度を $\langle (\delta a_i)^2 \rangle$ と考えることにより，式（1.68）の代りに，

$$\langle (A - \langle A \rangle)^2 \rangle = N \langle a^2 \rangle + N(N-1) \langle a \rangle^2 + Nz \langle (\delta a)^2 \rangle - N^2 \langle a \rangle^2 \tag{1.70}$$

と書くことができる．右辺第2, 3項が新しい評価である．これに $\langle (\delta a)^2 \rangle = \langle a^2 \rangle - \langle a \rangle^2$ を使うと，結局，

$$\langle (A - \langle A \rangle)^2 \rangle = N(1+z)(\langle a^2 \rangle - \langle a \rangle^2) \tag{1.71}$$

という結果になる．確かに因数 $(1+z)$ がかかった形に変ったが，この数は前述のように微視的な値であって，1 とか 10 とかいった値である．式 (1.68) の評価がもっていた大筋の特徴である N という因数はそのまま保たれている．したがって上で述べた，巨視量のゆらぎは事実上無視できるという法則は，理想気体でなくても一般に成立するといってよい．

2 統計力学の基礎

2.1 等確率の原理

1.3節で固体振動子 (1.45) の統計を考えた際,振動子を振幅 a と初期位相 α とで分類した.振動子のエネルギー ε は次式で与えられる.

$$\varepsilon = \frac{1}{2}M\omega^2 a^2$$

これは振幅 a に依存しているが,初期位相 α には依存しない.そこで α は $(0, 2\pi)$ の範囲で一様に分布しているという仮定をおいて,計算を進めた.このような仮定を他の場合にも押し進めてみよう.

2.1.1 理想気体の空間分布

図 2.1 のように体積 V の箱の中に閉じ込められた,N 個の同一種分子から成る理想気体を考える.まず分子間の力を無視し,重力などの外場も働いていないものとする.すると 1 個の分子にとっては,箱の中のどの位置にあってもそのエネルギーはすべて同一である.したがって,箱の中に,体積 V_1 の領域を考えの上で区切れば,分子が体積 V_1 の中に存在する確率 p は V_1 に比例するはずである.確率として規格化すれば,

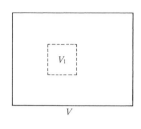

図 2.1 V の中に考えの上で区切った V_1 の領域

$$p = \frac{V_1}{V} \tag{2.1}$$

である．したがって，V_1 以外の領域に存在する確率は $q \equiv 1-p$ に等しい．

さて N_1 個の分子が V_1 の中にあり，残りの $(N-N_1)$ 個の分子がその外にある確率 $P_N(N_1)$ はどうなるだろうか．理想気体を考えているので，特定の分子がどこにあるかは他の分子の位置に関係しない．つまり分子の配置は独立事象である．したがってこの確率は次のように書ける．

$$P_N(N_1) = \frac{N!}{N_1!(N-N_1)!} p^{N_1} q^{N-N_1} \tag{2.2}$$

この第 1 の因子は分子 N 個の中から N_1 個を選び出す仕方の数である．第 2，第 3 の因子は，選び出した特定の N_1 個が V_1 の中にあり，他がすべてその外に存在する確率を与える．この $P_N(N_1)$ が規格化されていることを見るのは簡単である．

$$\begin{aligned}\sum_{N_1=0}^{N} P_N(N_1) &= \sum_{N_1=0}^{N} \frac{N!}{N_1!(N-N_1)!} p^{N_1} q^{N-N_1} \\ &= (p+q)^N = 1\end{aligned} \tag{2.3}$$

この確率分布について N_1 の平均値 $\langle N_1 \rangle$ は次のように与えられる．まず $[N_1 P_N(N_1)]_{N_1=0} = 0$ であるから，

$$\begin{aligned}\langle N_1 \rangle &= \sum_{N_1=1}^{N} N_1 P_N(N_1) \\ &= Np \sum_{N_1=1}^{N} \frac{(N-1)!}{(N_1-1)!(N-N_1)!} p^{N_1-1} q^{N-N_1}\end{aligned} \tag{2.4}$$

右辺 Np にかかる和は，式 (2.3) で $N \to N-1, N_1 \to N_1-1$ とお

き換えたものにほかならない．したがってこの和は $(p+q)^{N-1}$ に等しく，次式が成立する．

$$\langle N_1 \rangle = Np(p+q)^{N-1} = Np \tag{2.5}$$

この答を $(N/V)V_1$ と書き直してみればわかるように，V_1 の中にある平均分子数はその体積 V_1 に比例している．分子は平均として V の中に一様な数密度 $n=N/V$ で分布しているといってもよい．

それではゆらぎはどうか．この計算も式 (2.5) を求めたときと同様な論理により行える．ゆらぎに関する情報を含む 1 つの量として $\langle N_1(N_1-1) \rangle$ を考えると $[N_1(N_1-1)P_N(N_1)]_{N_1=0}=0$, $[N_1(N_1-1)P_N(N_1)]_{N_1=1}=0$ であるから，次のようになる．

$$\begin{aligned}\langle N_1(N_1-1) \rangle &= \sum_{N_1=2}^{N} N_1(N_1-1) P_N(N_1) \\ &= \sum_{N_1=2}^{N} \frac{N!}{(N_1-2)!(N-N_1)!} p^{N_1} q^{N-N_1} \\ &= N(N-1)p^2 \sum_{N_1=2}^{N} \frac{(N-2)!}{(N_1-2)!(N-N_1)!} p^{N_1-2} q^{N-N_1} \\ &= N(N-1)p^2 \sum_{\tilde{N}_1=0}^{\tilde{N}} \frac{\tilde{N}!}{\tilde{N}_1!(\tilde{N}-\tilde{N}_1)!} p^{\tilde{N}_1} q^{\tilde{N}-\tilde{N}_1}\end{aligned}$$

ただし最後の変形は $N-2=\tilde{N}$, $N_1-2=\tilde{N}_1$ のおき換えを行ったものであって，和をとる範囲もそれにしたがって変化させてある．したがって式 (2.3) によりこの和は $(p+q)^{N-2}$ に等しく，次式が成立する．

$$\langle N_1(N_1-1) \rangle = N(N-1)p^2(p+q)^{N-2} = N(N-1)p^2 \tag{2.6}$$

ゆらぎの定量的な表現には平均 2 乗偏差 $\langle (N_1-\langle N_1 \rangle)^2 \rangle$ をとればよい．この表式を，

$$\begin{aligned}\langle (N_1-\langle N_1 \rangle)^2 \rangle &= \langle N_1^2 \rangle - \langle N_1 \rangle^2 \\ &= \langle N_1(N_1-1) \rangle + \langle N_1 \rangle - \langle N_1 \rangle^2\end{aligned}$$

のように変形し，式 (2.6) を代入すると，

$$\begin{aligned}\langle (N_1-\langle N_1 \rangle)^2 \rangle &= N(N-1)p^2 + Np - N^2 p^2 \\ &= Np(1-p) = Npq \tag{2.7}\end{aligned}$$

の結果を得る．相対偏差は，

$$\frac{\sqrt{\langle (N_1-\langle N_1\rangle)^2\rangle}}{\langle N_1\rangle} = \frac{1}{\sqrt{N}}\sqrt{\frac{q}{p}} \tag{2.8}$$

となって,全分子数 N の平方根に逆比例する.このように,確かにゆらぎが存在するのであるが,特に巨視系については相対的に見ると無視できる,ということである.すなわちこれは粒子数密度 n が,いたるところ一定ということで記述できる,巨視的には時間変化のない"緩和"した状態である.これは気体が熱平衡の状態にあることを意味する.

次に外場が存在するときどうなるか.まず重力場の中にある理想気体について考えてみよう.考えの上で,底面積1で母線が鉛直な筒をとり,高さ z および $z+dz$ における圧力をそれぞれ $P, P+dP$ とする.この圧力差は z と $z+dz$ の間にある筒の中の気体分子の重さに等しい.

$$P-(P+dP) = n(z)mgdz \tag{2.9}$$

ただし m は分子1個の質量, $n(z)$ は数密度であって高さとともに変化するもの, g は重力の加速度である.同じようにして一般の外場について,2枚の等ポテンシャル面 φ と $\varphi+d\varphi$ をとり,これに垂直な,断面積1の筒の中にある気体分子の数密度を $n(\boldsymbol{r})$ とすると,

$$P-(P+dP) = -dP = nd\varphi \tag{2.10}$$

が成立する.ここでベルヌーイの定理(式 (1.23)),

$$P = \frac{2}{3}nu \tag{2.11}$$

を用いる.ただし u は分子1個あたりのエネルギーであり,ここでは定数だとしておこう[*].これを式 (2.10) に代入して P を消去すると, $dP=(2/3)udn$ であるから,次の式を得る.

$$\frac{dn}{n} = -\frac{d\varphi}{2u/3} \tag{2.12}$$

---

[*] 2.2節で示すように,気体の絶対温度を T とすると $u=3k_\mathrm{B}T/2$ (k_B は定数)と書けるから, u が一定ということは気体の温度が一様だと仮定していることになる.

この微分方程式の解は，

$$n(\bm{r}) = n_0 e^{-\varphi(\bm{r})/(2u/3)} \tag{2.13}$$

である．式 (2.13) から，ポテンシャルエネルギーが等しいところでは数密度も等しいことがわかる．これから，等ポテンシャル面に沿って比較するならば，存在確率が，考えている体積に比例するということができる．

2.1.2 位 相 空 間

以上では位置エネルギーだけに注目したが，個々の分子を見ると，それぞれある速度をもって動いており，運動エネルギーをもっている．全エネルギー ε は，これと位置エネルギーとの和で与えられる．

$$\varepsilon = \frac{1}{2}mv^2 + \varphi(\bm{r}) \tag{2.14}$$

もしこの全エネルギーが等しい値をもつ座標-速度 $(\bm{r}, \bm{v})$ に沿って確率を問題にするとすれば，空間分布の場合の体積に対応するものは何であろうか．$\mathrm{d}x\mathrm{d}y\mathrm{d}z\mathrm{d}v_x\mathrm{d}v_y\mathrm{d}v_z$ であろうか．またそもそも空間分布の場合，確率が直交軸による $\mathrm{d}x\mathrm{d}y\mathrm{d}z$ に比例しなくてはならない理由があるのだろうか．座標軸はわれわれが便宜的に選ぶものであるから，例えば極座標による $\mathrm{d}r\mathrm{d}\theta\mathrm{d}\phi$ に確率が比例してもよさそうなものである．しかし確率の値は客観的なものであるから，それが比例する"体積"の測り方も客観的な，人間の御都合に依存しないものでなくてはなるまい．この意味でこれまでに出てきた例も含めて，とるべき一般化された体積は，位相空間の体積なのである．

位相空間（phase space）とは，座標とこれに共役な運動量を，直交座標としてとった空間のことである．体系の自由度を f とすれば，位相空間は $2f$ 次元である．

まず最も簡単な例として，2次元直交軸 (x, y) と，極座標 (r, θ) の場合を，実際に計算してみよう．

$$x = r\cos\theta, \quad y = r\sin\theta \tag{2.15}$$

この関数を用いると，ラグランジアンは，

$$\mathcal{L} = \frac{m}{2}(\dot{x}^2+\dot{y}^2) - \varphi(x,y)$$
$$= \frac{m}{2}(\dot{r}^2+r^2\dot{\theta}^2) - \varphi'(r,\theta) \tag{2.16}$$

のように直接変換できる．ただし $\varphi'(r,\theta)$ は $\varphi(x,y)$ に式 (2.15) の変数変換を行ったものである．これから r,θ に共役な運動量が，

$$p_r \equiv \frac{\partial \mathcal{L}}{\partial \dot{r}} = m\dot{r}, \qquad p_\theta \equiv \frac{\partial \mathcal{L}}{\partial \dot{\theta}} = mr^2\dot{\theta} \tag{2.17}$$

と求まるので，双方の運動量の間には，

$$p_x = m\dot{x} = m\dot{r}\cos\theta - mr\sin\theta\cdot\dot{\theta}$$
$$= \cos\theta\cdot p_r - \frac{\sin\theta}{r}\cdot p_\theta \tag{2.18}$$
$$p_y = m\dot{y} = \sin\theta\cdot p_r + \frac{\cos\theta}{r}\cdot p_\theta$$

の関係があることがわかる．したがって，位相空間の微小体積の間の関係は，

$$\mathrm{d}x\mathrm{d}y\mathrm{d}p_x\mathrm{d}p_y$$
$$= \begin{vmatrix} \cos\theta & -r\sin\theta & 0 & 0 \\ \sin\theta & r\cos\theta & 0 & 0 \\ p_\theta \sin\theta/r^2 & -p_r\sin\theta - p_\theta\cos\theta/r & \cos\theta & -\sin\theta/r \\ -p_\theta\cos\theta/r^2 & p_r\cos\theta - p_\theta\sin\theta/r & \sin\theta & \cos\theta/r \end{vmatrix}$$
$$\times \mathrm{d}r\mathrm{d}\theta\mathrm{d}p_r\mathrm{d}p_\theta \tag{2.19}$$

となり，双方の座標のとり方に依存して変る．この行列式の値を求めてみると，それは 1 に等しいことがわかる．つまり 2 次元では，直交直線座標軸の系をとっても，極座標の系をとっても，位相体積の値は相等しい．

ちなみにこの 2 座標系で書いたハミルトニアンは，それぞれ，

$$\mathcal{H} = \frac{1}{2m}(p_x{}^2 + p_y{}^2) + \varphi(x, y)$$
$$\mathcal{H} = \frac{1}{2m}\left(p_r{}^2 + \frac{p_\theta{}^2}{r^2}\right) + \varphi'(r, \theta) \tag{2.20}$$

で与えられる.

上の例の一般化は次のようになる. 任意の自由度 f をもつ力学系において, 位相体積の要素,

$$\mathrm{d}\varGamma \equiv \mathrm{d}q_1 \mathrm{d}q_2 \cdots \mathrm{d}q_f \mathrm{d}p_1 \mathrm{d}p_2 \cdots \mathrm{d}p_f \tag{2.21}$$

は正準変換に対して不変である. **正準変換** (canonical transformation) とは, 体系を記述する新しい座標-運動量 (Q, P) $\equiv \{Q_1 Q_2 \cdots Q_f, P_1 P_2 \cdots P_f\}$ がもとの座標-運動量 $(q, p) \equiv \{q_1 q_2 \cdots q_f, p_1 p_2 \cdots p_f\}$ の関数として定義され, 同様に変換されたハミルトニアンによって同じ正準形式の運動方程式が成立するとき, その変換をいう. この意味で (q, p) も (Q, P) も, 体系を記述する力学変数として同じ資格をもっている. その体積要素 (2.21) が正準変換に際して不変な値をもつということは, この位相体積要素が, 人間の勝手な好みを越えた, 客観的意味をもつことを示している. 任意の自由度 f をもつ系に関してこの証明を行うことは省略する.

2.1.3 等確率の原理

巨視的な系, すなわち非常に大きな自由度 f をもつ系を考えよう. 系の運動状態は $2f$ 次元位相空間上の点 (q, p) で表され, 点は正準形式の運動方程式,

$$\dot{q}_i = \frac{\partial \mathcal{H}}{\partial p_i}, \qquad \dot{p}_i = -\frac{\partial \mathcal{H}}{\partial q_i} \tag{2.22}$$

に従って位相空間を動きまわる. このとき, 系が周囲から孤立しているとすれば, その全エネルギーは保存される. これを位相空間でみれば, エネルギーが E だという条件,

$$\mathcal{H}(q_1, \cdots, q_f ; p_1, \cdots, p_f) = E \tag{2.23}$$

が課せられ, $2f$ 次元空間に超曲面が描かれる. 点はこの曲面上を動くわけである. この曲面は閉じている. それは, 座標 q の

方は通常体系が有限の体積を占めているし,運動量の方はエネルギーが有限であるためこれも有限でなくてはならないからである.ここでエネルギー保存の条件を少しゆるめ,位相空間でエネルギーが E と $E+\Delta E$ の間にあるものとし,この領域,

$$E < \mathcal{H}(q_1, \cdots, q_f; p_1, \cdots, p_f) < E+\Delta E \tag{2.24}$$

の体積を $\Omega(E)\Delta E$ と書くことにしよう.これは,位相空間の体積要素を $\mathrm{d}\Gamma$ と書けば,次のように表すことができる.

$$\Omega(E)\Delta E = \int_{E<\mathcal{H}<E+\Delta E} \mathrm{d}\Gamma \tag{2.25}$$

1.3 節の振動子の例では,エネルギーが等しければ,いろいろな初期位相をもつ状態はすべて同じ確率で生ずると考えた.また,この節の理想気体の場合,外力が働いていなければ,気体分子の存在確率は容器の中のどこでも同じであることを見た.巨視系の状態を表す位相空間の点は,ちょうど気体分子が容器の中を動きまわるように,位相空間の領域 (2.24) の中を動きまわっている.系の運動は非常に複雑だから,十分に長時間にわたってみる限り,系がこの領域の中のどこかにいる確率が他の場所にいる確率よりも高い,というようなことを期待すべき理由は何もない[*].したがって,系が熱平衡状態にある場合は,気体分子のように,系の存在確率は領域中のどこでも等しく,体積要素 $\mathrm{d}\Gamma$ に比例するものと考えられる.その確率を,

$$\rho(q_1, \cdots, q_f; p_1, \cdots, p_f)\mathrm{d}\Gamma \tag{2.26}$$

と書けば,

$$\rho(q, p) = \frac{1}{\Omega(E)\Delta E} \tag{2.27}$$

である.これは緩和した巨視的状態(熱平衡状態)を表す.こ

---

[*] 系の運動でエネルギー以外に保存される量があれば,系は領域 (2.24) の全体ではなく,その保存量が一定の値をとる部分しか動くことができない.例えば,完全に孤立した系では全運動量,全角運動量が保存される.しかし,系が固定した容器に入っている場合には運動量,角運動量も保存されない.通常はエネルギー以外に保存量は存在しないと考えてよい.

2.1 等確率の原理

れを**等確率の原理**（postulate of equal a prioli probability）とよぶ．

ここでエネルギーに ΔE の幅をもたせたことの意味を考えてみよう．これは，われわれが巨視系を対象とする場合，系には，ハミルトニアンにあらわには取り入れられていない相互作用があることに由来するもので，それに伴うエネルギーの不定さを表している．

例をあげて説明しよう．理想気体を考える場合，エネルギーとしては運動エネルギーだけを考え，

$$\mathscr{H} = \sum_{i=1}^{N} \frac{p_i{}^2}{2m} \tag{2.28}$$

とする．しかし巨視的な状態が時とともに変化し，熱平衡状態に近づくためには，分子間に衝突が行われ運動量のやり取りがなされていなくてはならない．この衝突は分子の間の相互作用によって生じ，それは一般にポテンシャル $\varphi(r_{ij})$ をもつ．r_{ij} は分子 i と分子 j の間の距離である．したがってハミルトニアンには式 (2.28) の他に $\sum_{i<j} \varphi(r_{ij})$ を加えた方がより正確だということになろう．しかしわれわれが運動エネルギーだけを考慮したハミルトニアン (2.28) によって理想気体を考えるのは，気体密度が薄い極限を考えるので，実際上エネルギーの値としては，相互作用エネルギーは小さくて問題にならないからである．これは $\varphi(r)$ の作用半径が有限だからである．しかし一方，上述のように，この相互作用に基づく衝突は巨視的状態の変化にとって不可欠のものである．この種の相互作用を，統計力学では，**弱い相互作用**とよんでいる．この弱い相互作用があることを考慮に入れると，エネルギー一定といっても，式 (2.28) の値が一定値だということにはならないで，これはある幅 ΔE をもつことになる．式 (2.24) の定義による位相体積はこのような根拠をもつものである．

============================== 問　　題 ==============================

2.1.1 100 m の山頂とふもととの空気の密度を比較せよ．ただし，温度は一定とし，1 分子あたりの平均エネルギー u については，1.2 節，問題 1.2.1 の結果を用いよ．気体 1 モル中の分子数（アボガドロ数）は 6×10^{23} である．

2.2 熱平衡にある 2 体系

2.2.1 エントロピー

例として N 個の粒子からなる理想気体を取り上げよう．そのハミルトニアンは，

$$\mathcal{H} = \sum_{i=1}^{N} \frac{1}{2m}(p_{ix}^2 + p_{iy}^2 + p_{iz}^2) \tag{2.29}$$

で与えられる．これによってまず位相密度 $\Omega(E)$ を算出する．ハミルトニアンは座標に依存しないから，式 (2.25) で座標の積分は独立に実行できる．積分は分子ごとに容器の体積 V になり，N 個の分子について積分すれば V^N を与える．運動量については，式 (2.24) の条件は，式 (2.29) により，

$$2mE < p_{1x}^2 + p_{1y}^2 + p_{1z}^2 + \cdots + p_{Nx}^2 + p_{Ny}^2 + p_{Nz}^2$$
$$< 2m(E + \Delta E) \tag{2.30}$$

と書けるが，この形は $3N$ 次元空間における半径 $\sqrt{2mE}$ の超球面と半径 $\sqrt{2m(E+\Delta E)}$ の超球面にはさまれた球殻を定める．まず半径 $\sqrt{2mE}$ の球の体積 $J(E)$ を求めよう．f 次元空間の半径 r の球の体積は，次式で与えられる．

$$f \text{ 次元球の体積} = \frac{(\pi r^2)^{f/2}}{\Gamma(f/2+1)} \tag{2.31}$$

ここで $\Gamma(z)$ はガンマ関数であって，

$$\Gamma(z+1) = z\Gamma(z), \quad \Gamma\left(\frac{1}{2}\right) = \sqrt{\pi}, \quad \Gamma(1) = 1 \tag{2.32}$$

などの性質をもつ．z が自然数であるとき，

$\Gamma(z+1) = z!$

である．式 (2.31) は $f=2$ および $f=3$ のとき，よく知られた表式に帰着する．

この結果を認めると，

$$J(E) = \frac{(2\pi mE)^{3N/2}}{\Gamma(3N/2+1)} \tag{2.33}$$

となり，$\Omega(E)$ はこれを E について微分し，座標の積分による V^N を掛けることによって得られる．

$$\Omega(E) = \frac{(2\pi mE)^{3N/2}}{\Gamma(3N/2)E} V^N \tag{2.34}$$

ここで，ガンマ関数について式 (2.32) の第 1 の関係を用いた．

このように $\Omega(E)$ は，E の，N に比例するべきになっているので，その対数関数を用いて表しておく．x が大きいときスターリングの公式，

$$\log x! \simeq x \log\left(\frac{x}{e}\right) \tag{2.35}$$

が成立するので，$N \gg 1$ のとき式 (2.32) により $\log \Gamma(3N/2) \simeq (3N/2)\log(3N/2)$ とおいてよい．したがって次のようになる．

$$\log[\Omega(E)\Delta E] \simeq \frac{3N}{2} \log\left(\frac{4\pi m}{3} \frac{E}{N}\right) + N \log V + \log\left(\frac{\Delta E}{E}\right) \tag{2.36}$$

この系がまったく同一種の分子から成っているときには，この式を少し修正しなければならない．式 (2.29) のように，分子はすべて質量が等しく m であるとしたが，それでも分子の各個を区別（例えば番号がついていて）できるものと見なしてきた．しかし現実には，まったく同一種の分子はその間で区別できない[*]．そのため位相空間のある代表点に対して，その N 個の粒子の変数（座標，運動量）の値を置換して得られる $N!$ 個の代表点は，もとのものとまったく同一の状態を表してい

---

[*] 同一種のミクロな粒子が本質的に区別できないものであることは，粒子の量子力学的な性質によるものである．6.1 節参照．

る．したがって式 (2.34) の表式は $N!$ で割っておかなくてはならない．したがってまた式 (2.36) もその右辺から $\log N! \simeq N \log N$ を引算して，

$$\log[\varOmega(E)\Delta E] \simeq N\left(\frac{3}{2}\log\frac{4\pi m}{3}\frac{E}{N}+\log\frac{V}{N}\right) \tag{2.37}$$

とする必要がある．ここで $\log \Delta E/E$ はたかだか $\log N$ の程度なので無視する．

式 (2.37) の結果を一般化して，一般の巨視系に対して，

$$k_{\mathrm{B}} \log[\varOmega(E, x; N)\Delta E] \simeq N s(u, x) \tag{2.38}$$

の形が成立しているものと仮定しよう．ただし，$u=E/N$ は 1 分子あたりのエネルギーである．定数 k_{B} は後の便宜のために導入した．波形の等号は，N が大きくなると漸近的に右辺の形に等しくなることを表す．ただし x は，例えば体積 V のように体系に対する外部条件を表現するパラメーターであって，われわれはこれを任意に変え，それによって，体系に対して任意量の仕事をすることができる．このように適宜選んだ変数を，**外部パラメーター**とよぶ．式 (2.38) によって定義された関数 $s(u, x)$ を分子 1 個あたりの**エントロピー** (entropy) とよぶ[*]．

理想気体の場合，式 (2.37) により，

$$s(u, v) = \frac{3}{2}k_{\mathrm{B}}\log\frac{4\pi m}{3}u + k_{\mathrm{B}}\log v \tag{2.39}$$

である．ただし $v=1/n$ は**比体積** (specific volume) $\equiv V/N$ である．容易に確かめることができるように，s は u の関数として，その微係数が，

$$s'(u) > 0, \qquad s''(u) < 0 \tag{2.40}$$

である．この関係がエントロピーの性質として重要であることは，後に明らかになる．

---

[*] ここで定義されたエントロピーを，後に熱力学的に導入されるエントロピーと一致させるためには，定数 k_{B} がボルツマン定数（73ページ）であればよい．

2.2.2 接触した2体系の熱平衡

さて着目している体系が2個の部分系1および2から成り立っており，その間に弱い相互作用があるものとする．このとき，系1を記述する座標と運動量 $q_{11}, p_{11}, \cdots, q_{1f_1}, p_{1f_1}$ の運動法則を与える系1のハミルトニアン $\mathcal{H}_1$ と，系2の座標・運動量 $q_{21}, p_{21}, \cdots, q_{2f_2}, p_{2f_2}$ の運動法則を与える系2のハミルトニアン $\mathcal{H}_2$ の他に，系1と系2の間に働く弱い相互作用のハミルトニアン $\mathcal{H}'$ がある．これは一般に系1と系2の座標・運動量に依存するであろう．いまこの全体系が熱平衡にあるとき，系1と系2とは互いに熱平衡にあるという．このとき2部分系の間でどのような関係が成立するだろうか．

各部分系の外部パラメーター x_1, x_2 はそれぞれ一定に保たれていて，仕事としてのエネルギーの出入りは禁止されているものとする．1.3節で考えた理想気体とピストンはその1例である．したがって以下ではパラメーター x はあらわには書かない．

部分系のエネルギーがそれぞれ E_1 と $E_1+\mathrm{d}E_1$ の間，E_2 と $E_2+\mathrm{d}E_2$ の間にある位相体積は $\Omega_1(E_1)\mathrm{d}E_1$ および $\Omega_2(E_2)\mathrm{d}E_2$ である．このとき全系の位相体積は，部分系の位相体積の積，$\Omega_1(E_1)\mathrm{d}E_1 \cdot \Omega_2(E_2)\mathrm{d}E_2$ であるから，これを $E<E_1+E_2<E+\Delta E$ という条件のもとに寄せ集めれば，全系に関する $\Omega(E)\Delta E$ が得られる．

$$\Omega(E)\Delta E = \iint_{E<E_1+E_2<E+\Delta E} \Omega_1(E_1)\Omega_2(E_2)\mathrm{d}E_1\mathrm{d}E_2 \quad (2.41)$$

この積分変数を E_1 と $E'=E_1+E_2$ に変えて，ΔE が小さいことを使えば，

$$\begin{aligned}\Omega(E)\Delta E &= \int_E^{E+\Delta E}\mathrm{d}E' \int_0^E \Omega_1(E_1)\Omega_2(E'-E_1)\mathrm{d}E_1 \\ &\simeq \Delta E \int \Omega_1(E_1)\Omega_2(E-E_1)\mathrm{d}E_1 \quad (2.42)\end{aligned}$$

となる．結局，全系の位相体系 $\Omega(E)\Delta E$ が部分系の位相体積

の積,
$$\Omega_1(E_1)\Delta E_1 \Omega_2(E-E_1)\Delta E \tag{2.43}$$
の和で表せたことになる．この各項で E は共通の一定値であるのに対し E_1 は異なる．そしてエネルギーの分配 $(E_1, E-E_1)$ が異なるのに伴って，全系として見たときの位相体積が異なる．2.1 節で述べた等確率の原理によれば，これらのエネルギー分配は，各々式 (2.43) の大きさに比例する確率（相対確率）で生じている．

極大確率をもって起るエネルギー分配は，
$$\frac{\partial}{\partial E_1}\Omega_1(E_1)\Omega_2(E-E_1)\Big|_{E_1=E_1^*} = 0 \tag{2.44}$$
を満足する $(E_1^*, E-E_1^*)$ である．あるいは，対数関数が単調増大であることから，式 (2.44) は，
$$\frac{\partial}{\partial E_1}\log\Omega_1(E_1, x_1, N_1)\Big|_{E_1=E_1^*}$$
$$= \frac{\partial}{\partial E_2}\log\Omega_2(E_2, x_2, N_2)\Big|_{E_2=E_2^*=E-E_1^*}$$
とも書ける．ここでは，外部パラメーター x_i と粒子数 N_i をあらわに示した．この極値条件は，各部分系の位相密度に対する構造 (2.38) から定まるエントロピー s_i を用いて表した方が簡明である．すなわち，
$$\frac{\partial s_1}{\partial u_1}\Big|_{u_1=E_1^*/N_1} = \frac{\partial s_2}{\partial u_2}\Big|_{u_2=E_2^*/N_2} \tag{2.45}$$
である．この両辺に現れている表式は，理想気体の場合は式 (2.39) により $3/2u$ に比例する．$3/2u$ という量は式 (2.13) にも現れた．

次に極値が極大かどうかを調べるため，x_i をとめたまま，s_i を u_i について E_i^*/N_i のまわりに展開する．
$$s_i\left(\frac{E_i}{N_i}\right) = s_i\left(\frac{E_i^*}{N_i}\right) + s'_i\left(\frac{E_i^*}{N_i}\right) \cdot \frac{E_i - E_i^*}{N_i}$$
$$+ \frac{1}{2}s''_i\left(\frac{E_i^*}{N_i}\right)\left(\frac{E_i - E_i^*}{N_i}\right)^2 + \cdots$$
$$(i=1, 2) \tag{2.46}$$

ただし独立変数 x_i はあらわには書かず，$u_i \equiv E_i/N_i$ についての微分をダッシュで示した．この展開はまた，

$k_{\rm B} \log \left[\Omega_1(E_1) \Omega_2(E-E_1) \Delta E_1 \Delta E \right]$
$\quad = k_{\rm B} \log \left[\Omega_1(E_1{}^*) \Omega_2(E-E_1{}^*) \Delta E_1 \Delta E \right]$
$\qquad + s_1'\!\left(\dfrac{E_1{}^*}{N_1}\right)(E_1-E_1{}^*) + s_2'\!\left(\dfrac{E_2{}^*}{N_2}\right)(E_2-E_2{}^*)$
$\qquad + \dfrac{1}{2} s_1''\!\left(\dfrac{E_1{}^*}{N_1}\right) \dfrac{(E_1-E_1{}^*)^2}{N_1}$
$\qquad + \dfrac{1}{2} s_2''\!\left(\dfrac{E_2{}^*}{N_2}\right) \dfrac{(E_2-E_2{}^*)^2}{N_2} + \cdots \qquad (2.47)$

と書いたことに相当する．この右辺の第 2，3 項は条件 (2.45) および $E_1+E_2=E=E_1{}^*+E_2{}^*$ という全エネルギー一定の条件により，消し合う．したがって問題の表式は次のようになる．

$\Omega_1(E_1) \Omega_2(E-E_1) = \Omega_1(E_1{}^*) \Omega_2(E_2{}^*)$
$\quad \times \exp\left\{ \dfrac{1}{2k_{\rm B}} \left[\dfrac{s_1''(E_1{}^*/N_1)}{N_1} + \dfrac{s_2''(E_2{}^*/N_2)}{N_2} \right] (E_1-E_1{}^*)^2 \right\}$
$\hfill (2.48)$

これから，分配 $(E_1{}^*, E-E_1{}^*)$ が確率極大であるためには，右辺指数関数における $(E_1-E_1{}^*)^2$ の係数が負でなくてはならない．そこで，理想気体の場合式 (2.39) で成立している性質，式 (2.40) を一般化して，

$$s'(u) > 0, \qquad s''(u) < 0 \qquad (2.49)$$

が一般に正常な系に対して成立しているものと仮定しよう．そうすると，式 (2.48) はガウス分布を表していて，極大からの 2 乗偏差が，

$$\langle (E_1-E_1{}^*)^2 \rangle = k_{\rm B} \left| \left[\dfrac{s_1''(E_1{}^*/N_1)}{N_1} + \dfrac{s_2''(E_2{}^*/N_2)}{N_2} \right] \right|^{-1} \qquad (2.50)$$

で与えられることがわかる．これより，大雑把にいって，2 乗偏差は小さい方の部分系の大きさ N_i で規定されるということができる．ここでもまた，エネルギーの配分の相対ゆらぎが $1/\sqrt{N_i}$ 以下に過ぎないことに注意を喚起しよう．

2.2.3 絶対温度

さて式 (2.45) は，各部分系の外部パラメーターを一定に保ったとき 2 系が互いに熱平衡にあるための条件である．そこで**絶対温度** (absolute temperature) を次式によって導入しよう．

$$\left(\frac{\partial s}{\partial u}\right)_x \equiv \frac{1}{T} \tag{2.51}$$

この量は，系の大きさには依存しない，いわゆる示強性の量である．これを用いると，式 (2.45) は 2 系の温度が等しいという風に読むことになる．

理想気体の場合，式 (2.39) により，

$$\left(\frac{\partial s}{\partial u}\right)_v = \frac{3}{2}k_B \frac{1}{u} \tag{2.52}$$

となるから，式 (2.51) は，次の式を与える．

$$u = \frac{E}{N} = \frac{3}{2}k_B T \tag{2.53}$$

この温度の役目をもっと明瞭に見るには，部分系のうちの一方，例えば部分系 2 が部分系 1 に比べてずっと大きい場合を考えるとよい．式 (2.50) により，エネルギー配分のゆらぎは部分系 1 のスケールで決り，部分系 2 のエネルギーの相対偏差はゼロと考えてよい．このとき部分系 2 は**熱源** (heat reservoir) の役目をするのである．

この場合，式 (2.43) の因子のうち，部分系 2 に関するものを，$E \gg E_1$ として，E_1 について展開することができる．

$$\log \Omega_2(E - E_1) = \log \Omega_2(E) - \left[\frac{\partial}{\partial E} \log \Omega_2(E)\right] \cdot E_1 \cdots$$

右辺で $-E_1$ にかかる係数は，部分系 2 の 1 分子あたりのエントロピー $s_2(u) = k_B N^{-1} \cdot \log[\Omega_2(E)\Delta E]$ を使って，$1/k_B \cdot (\partial s_2/\partial u)$ と表されるから，部分系 2 の温度を，

$$T_R = \left(\frac{\partial s_2}{\partial u}\right)^{-1} \tag{2.54}$$

とすれば，

$$\frac{\partial}{\partial E} \log \Omega_2(E) = \frac{1}{k_B T_R}$$

である．こうして，

$$\Omega_2(E-E_1) \simeq \Omega_2(E)\exp\left(-\frac{E_1}{k_B T_R}\right) \quad (2.55)$$

と書けるから，相対確率（2.43）は，

$$\Omega_1(E_1)\Omega_2(E-E_1)\Delta E\Delta E_1 \propto e^{-E_1/k_B T_R}\Omega_1(E_1)\Delta E_1 \quad (2.56)$$

となる．これは式（2.13）の一般化である．位相空間における体積の因子にかかっている温度因子 $e^{-E_1/k_B T_R}$ は**ボルツマン因子**（Boltzmann factor）とよばれ，単一熱源に接している系に共通する特有の相対確率を表す．式（2.56）を**ギブズの定理**（Gibbs' theorem）とよぶ．

熱源に接している系には，熱源からエネルギーが出入りする．したがって系1のエネルギー E_1 は種々の値をとりうる．議論の出発点にとった等確率の原理は，エネルギーが等しい位相の間の相対確率がその位相体積の比に等しいことを述べたものであった．系1の，例えば2つのエネルギー $E_1, E_1'(\neq E_1)$ に対応する位相が出現する相対確率は，単純に $\Omega_1(E_1)\Delta E_1, \Omega_1(E_1')\Delta E_1$ で与えられるというわけにはゆかず，一般にこれについて何かいうことはできない．上述のように，巨大な熱平衡系である熱源に接して存在する場合には，相対確率は $e^{-E_1/k_B T_R}\Omega_1(E_1)\Delta E_1, e^{-E_1'/k_B T_R}\Omega_1(E_1')\Delta E_1$ で与えられるというのがギブズの定理なのである．

ギブズの定理は，位相空間における相対確率が，

$$e^{-\mathcal{H}/k_B T_R}d\Gamma \quad (2.57)$$

に比例する，と述べることもできる．エネルギーの等しいところでは，確率は位相体積に比例し，式（2.57）を $E<\mathcal{H}<E+\Delta E$ の領域で積分してしまえば式（2.56）を与えるからである．

さらに，

$$k_B \log[\Omega_1(E_1)\Delta E_1] = S_1(E_1) \quad (2.58)$$

と書いて，系の全エントロピー $S_1 \equiv N_1 s_1$ を定義し，

$$\Omega_1(E_1)\Omega_2(E-E_1)\Delta E\Delta E_1 \propto e^{[S_1(E_1)-E_1/T_R]/k_B} \quad (2.59)$$

としておくと，3章以下で述べる熱力学との関連が明らかになる．

注意 パラメーター T_R は式 (2.54) で見られるように，もともと熱源の状態に関連したものであるが，これは同時に，着目している系を記述するためのパラメーターにもなっている．

問　題

2.2.1 質量 m，固有角振動数 ω の N 個の振動子からなる系のハミルトニアンは次の式で与えられる．

$$\mathcal{H} = \sum_{i=1}^{N}\left(\frac{1}{2m}p_i^2 + \frac{1}{2}m\omega^2 q_i^2\right)$$

位相密度 $\Omega(E)$ とエントロピー $S(E)$ を求めよ．

2.2.2 問題 2.2.1 の結果と式 (2.51) の関係を用いて，振動子系のエネルギーと温度との関係を求めよ．

2.3　準静過程——エントロピーの役割

熱平衡に無限に近い状態を経過しながら，しかし十分時間がたった後には状態が有限に変化している，そのような過程を考える．そのような変化は熱平衡状態の性質がわかっていれば議論できそうである．以下ではさしあたりの対象として理想気体を論じることにしよう．

理想気体の場合，体積 V が外部条件を表すパラメーターであった．一般的に，この例のように外部パラメーター x をもつ体系を考え，そのエネルギーが E 以下である位相体積を，

$$J(E, x) \tag{2.60}$$

と書こう．これは階段関数，

$$\theta(x) = \begin{cases} 1 & x \geq 0 \text{ のとき} \\ 0 & x < 0 \text{ のとき} \end{cases} \tag{2.61}$$

を使って,

$$J(E, x) = \int d\Gamma \, \theta(E - \mathcal{H}(q, p : x)) \tag{2.62}$$

と書くことができる. $d\Gamma$ は位相空間の体積要素 $dq_1 dp_1 \cdots dq_f dp_f$ を表し, ハミルトニアンは外部パラメーター x にも依存する. 座標と運動量はすべての自由度を含めて q, p と書いておいた.

いま, 変数 E, x がそれぞれ微小量 dE, dx だけ変化したとしよう. このときの関数 J の変化高を dJ とすれば,

$$\begin{aligned}dJ(E, x) = &\int d\Gamma \, \delta(E - \mathcal{H}(q, p; x)) dE \\ &- \int d\Gamma \, \delta(E - \mathcal{H}(q, p; x)) \frac{\partial \mathcal{H}}{\partial x} dx \end{aligned} \tag{2.63}$$

となる. ただしここで階段関数 (2.61) の導関数が,

$$\frac{d\theta(x)}{dx} = \delta(x) \tag{2.64}$$

となることを用いた[*]. ここで, 第1項の積分は,

$$\int d\Gamma \, \delta(E - \mathcal{H}(q, p; x)) = \Omega(E, x) \tag{2.65}$$

と書くことができる. δ 関数は等エネルギー面に沿ってのみゼロと異なることを示すが, この左辺に ΔE を掛けて考えると, エネルギーで ΔE の幅におさまる位相体積の全体を与えることになるから, それはまさに右辺 $\times \Delta E$ に等しいのである. また, ある力学量 $\mathcal{A}(p, q)$ について,

$$\langle \mathcal{A}(q, p) \rangle_E \equiv \frac{\int d\Gamma \, \mathcal{A} \, \delta(E - \mathcal{H}) \Delta E}{\int d\Gamma \, \delta(E - \mathcal{H}) \Delta E} \tag{2.66}$$

を考えると, これは上述のエネルギー殻に沿って, 位相体積に比例する確率分布により, 力学量 $\mathcal{A}$ の平均を求めたことになっている. 式 (2.63) はこうして次のように書き直される.

---

[*] $\delta(x)$ は δ (デルタ) 関数とよばれ, $x \neq 0$ のとき $\delta(x) = 0$, $x = 0$ で無限大, 0 を含む領域で積分すると $\int \delta(x) dx = 1$ となる関数である.

$$dJ(E, x) = \Omega(E, x)\Big(dE - \langle\frac{\partial \mathcal{H}}{\partial x}\rangle_E dx\Big) \tag{2.67}$$

右辺のかっこ内の第2項は，外部パラメーター x を微小変化させたときのエネルギーの増分である．これは数学的な変化分であって，必ずしも実際に外部パラメーター x を時間的に変化させたときの物理的な仕事に対応しない．これは無限にゆっくりと時間をかけて，x を dx だけ変化させることに対応するものと考えられる．これは**準静過程**（quasi-static process）による仕事とよばれる．このことを少し詳しく考えてみよう．

ハミルトニアン $\mathcal{H}$ の値の，この過程による増分は，

$$\int_0^T \frac{\partial \mathcal{H}}{\partial x}\frac{dx}{dt}dt \tag{2.68}$$

で与えられるわけだが，このパラメーターの変化の速さ dx/dt を小さくとり，長時間 T をかけて式（2.67）に現れている dx だけ変化させるものとする．すなわち，

$$\frac{dx}{dt} = \frac{dx}{T} \tag{2.69}$$

である．式（2.68）は，この因子を積分の外に出し，

$$\frac{dx}{T}\int_0^T \frac{\partial \mathcal{H}}{\partial x}dt \tag{2.70}$$

と書ける．原子の激しい運動により $\partial \mathcal{H}/\partial x$ の値は，時間 T の間に激しく変化する．式（2.70）で dx に掛る因子は，この $\partial \mathcal{H}/\partial x$ を長時間 T にわたって，式（1.56），（1.58）の意味で平均をとったものを意味する．これを $\overline{\partial \mathcal{H}/\partial x}$ と書こう．厳密に表現するとすれば，

$$\overline{\frac{\partial \mathcal{H}}{\partial x}} \equiv \lim_{T\to\infty}\frac{1}{T}\int_0^T \frac{\partial \mathcal{H}}{\partial x}dt \tag{2.71}$$

である．要するに x は原子の運動（今はこれが比較の相手なのである）に比べて十分ゆっくり変化していればよいわけであって，これは1.2節で述べた通りである．こうして準静的な仕事 $d'W$ は，

$$d'W = \overline{\frac{\partial \mathcal{H}}{\partial x}} dx \tag{2.72}$$

と書けることがわかった．これは式（2.67）に現れているものと違う．この2つの量が一致するには何が必要とされるのだろうか．

時間とともに体系の代表点は位相空間の中を動きまわるが，その領域は，与えられた x の値を代入したハミルトニアン $\mathcal{H}(q, p; x)$ の値が E と $E + \Delta E$ とに等しい2曲面で限られた空間である．2.1節で述べたように，ここでは無視している弱い相互作用（上記の $\mathcal{H}(q, p; x)$ と合せて，全系のハミルトニアンを構成する）があるため，$\mathcal{H}(q, p; x)$ の値は ΔE の幅をもち，したがって代表点は，位相空間の中の厚みのある殻の中を動きまわるのである．この殻状空間から切り取った任意の部分を考えたとき，代表点は長時間 T のうちのある時間をそこで過ごすであろう．もしその滞在時間が，どの位相部分をとってみてもその体積に比例しているならば，次式が成立するであろう．

$$\overline{\frac{\partial \mathcal{H}}{\partial x}} = \left\langle \frac{\partial \mathcal{H}}{\partial x} \right\rangle \tag{2.73}$$

この仮定を**エルゴード仮定**（ergodian hypothesis）とよぶ[*]．

さて式（2.73）が成立するものとすれば式（2.67）は，

$$\frac{dJ}{\Omega} = dE - d'W \tag{2.74}$$

と書ける．右辺は1.2節でも触れたように熱量 $d'Q$ に該当する．もう一度繰り返すと，われわれが外部パラメーターを操作して行う仕事以外に，制御できない，微視的な運動によるエネルギー移動が存在する．これが熱量である．したがって式（2.74）は次のように書ける．

---

[*] この仮定の証明はいろいろと試みられている．この仮定が成り立つための物理的な前提条件（例えば弱い相互作用の存在）などを十分考慮に入れた上での証明が，物理学で必要とされているものである．

$$\mathrm{d}'Q = \frac{\mathrm{d}J}{(\partial J/\partial E)_x} \tag{2.75}$$

ここで Ω をその定義式で表した．この式はまた，

$$\frac{\mathrm{d}'Q}{J(\partial E/\partial J)_x} = \frac{\mathrm{d}J}{J}$$

あるいは，

$$\frac{\mathrm{d}'Q}{(\partial E/\partial \log J)_x} = \mathrm{d}\log J \tag{2.76}$$

とも書ける．

ここに現れた $\log J$ は，$\log[\Omega(E)\Delta E]$ でおき換えることができる．なぜならば，まず，

$$\Omega(E)\Delta E < J(E) < \Omega(E)E \tag{2.77}$$

が成立する．右側の不等号の関係は $\Omega(E)$ が E の増加関数であることから明らかであろう．この対数をとれば，

$$\log[\Omega(E)\Delta E] < \log J(E) < \log[\Omega(E)E] \tag{2.78}$$

である．ところが $\log \Omega(E)\Delta E$ は式（2.38）のように N の程度の数であるのに対し，式（2.78）の両端の差 $\log(E/\Delta E)$ はたかだか $\log N$ の程度である．その差を無視して考えれば，結局 $\log J$ を $\log \Omega \Delta E$ でおき換えることができるのである．したがって式（2.38）により式（2.76）は，

$$\frac{\mathrm{d}'Q}{[\partial(E/N)/\partial s]_x} = N\mathrm{d}s \tag{2.79}$$

と書いておける（$E/N \equiv u$ に注意）．あるいはまた，式（2.51）で定義した絶対温度 T を用いて，

$$\frac{\mathrm{d}'Q}{T} = \mathrm{d}S \tag{2.80}$$

とも表せる．ただし全系のエントロピー S を，式（2.58）と同じく，

$$S(E, x; N) \equiv Ns\left(\frac{E}{N}, x\right) \tag{2.81}$$

によって導入した．式（2.80）は，熱力学において絶対温度を定義する関係（式（3.44））と一致している．この全系のエントロピーを用いれば，式（2.38）の関係を，

$$\Omega(E, x; N)\Delta E = e^{S(E, x; N)/k_B} \tag{2.82}$$

のように書くことができる．この関係によりエントロピー S は，等確率で実現される位相空間の体積を指数関数として与えるものであることがわかる．

2.4 位相体積の自然単位――量子論

2.4.1 作用量子と量子条件

式 (2.38) により，エントロピーは $k_B \log[\Omega(E)\Delta E]$ のように，位相空間の体積の対数に比例する量として与えられた．この体積は，体系の自由度が f ならば [作用]^f のディメンションをもっている*)．したがってわれわれがどんな単位系を用いるかによって位相空間の体積を表す数値が違ってくる．この差異はエントロピーに対して付加定数の違いとして現れる．エントロピーは，こんな客観性しかもたないのであろうか．

付加定数だけ不定である量は，このほかにも確かに存在する．力学におけるポテンシャルエネルギーがそうであった．この場合，物理的に意味があるのは，2個の位置におけるポテンシャルエネルギーの差額である．これはしかし，単位の取り方に由来する不定さではない．エントロピーの場合は，自然の中に作用のディメンションをもつ量が見つかれば，それを単位にとることにより不定さを解消することができる．ところがこれが**普遍定数**として，しかも全自然現象に共通の作用という物理量の単位が見つかったのである．

この**作用量子** h は，熱放射スペクトルの統計力学に関連して，M. Plank（プランク）により 1900 年に発見され，**量子論**発展のきっかけとなったものである．1913 年 A. Sommerfeld（ゾンマーフェルト）は 1 次元の周期運動を行う質点について，その座標を q，運動量を p とすると，

---

*) 解析力学で式 (2.83) の左辺の積分を作用とよぶ．（エネルギー）×（時間）の次元をもつ．

$$\oint p\,\mathrm{d}q = nh \quad (n=1, 2, \cdots) \tag{2.83}$$

という条件によって定常状態が選び出されることを見いだした．ただしこの式の積分は1周期についてとるものとする．これを**量子条件**とよぶ．これは $\lambda = h/p$ の波長をもつ波がこの質点の運動に結びついているものと考えれば，定常波が存在する条件にほかならない．p を λ で書き直すと，

$$\oint \frac{\mathrm{d}q}{\lambda} = n \tag{2.84}$$

となるからである．

1次元の調和振動子のハミルトニアンは，粒子の質量を m，固有角振動数を ω とすれば，

$$\mathscr{H} = \frac{1}{2m}p^2 + \frac{1}{2}m\omega^2 q^2 \tag{2.85}$$

で与えられる．この解は一般に，

$$\begin{aligned} q &= a\cos(\omega t + \alpha) \\ p &= -am\omega \sin(\omega t + \alpha) \end{aligned} \tag{2.86}$$

であって，そのエネルギーは，

$$E = \frac{m}{2}a^2\omega^2 \tag{2.87}$$

に等しい．この軌道は位相空間（(q, p) 平面）においては楕円である（図2.2）．その半径はそれぞれ $\sqrt{2E/m\omega^2}$, $\sqrt{2mE}$ である．したがって1周期にわたってとった積分は，楕円の面積に等しい．

$$\oint p\,\mathrm{d}q = \pi\sqrt{2mE}\sqrt{\frac{2E}{m\omega^2}} = \frac{2\pi E}{\omega} \tag{2.88}$$

ゆえに式（2.83）で選び出される定常状態のエネルギーは，

$$E_n = \frac{\omega}{2\pi}nh = n\hbar\omega, \quad n=1, 2, \cdots \tag{2.89}$$

で与えられる．ただし $\hbar \equiv h/2\pi$ である．n を振動の**量子数**という．実はこの結果は不完全で，量子力学の方程式を解くと，式（2.89）の整数 n は半整数におき換えなければならないことがわかる．すなわち，

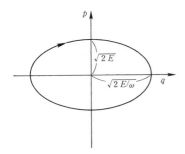

図 2.2 調和振動子の位相空間

$$E_n = \left(n + \frac{1}{2}\right)\hbar\omega, \qquad n = 0, 1, 2, \cdots \tag{2.90}$$

となる．こうして n の値，0 および自然数値 1 つひとつに対応して，量子力学的**定常状態**が存在する．

これを位相空間で見ると，それは相続く楕円であるが，定常状態 1 個分の占有面積は，隣り合う楕円にはさまれた部分であり，

$$\frac{2\pi E_{n+1}}{\omega} - \frac{2\pi E_n}{\omega} = h \tag{2.91}$$

となる．これはもちろん，量子条件 (2.83) によって，最初から自明のことではある．

そこでもし $J(E)$ なり $\Omega(E)\Delta E$ なりを，その系の自由度が f であるとき，h^f で割算しておけば，これは位相体積が，選んだ単位系のいかんにかかわらない普遍的な方法で測られたことになる．それと同時に，これは問題の位相空間に対応した定常状態の数を与えたことになる．この数を，改めて**熱力学的重率** (thermodynamic weight) とよぶこととしよう．

そこで定常状態を量子力学に従って正しく求めることができたとして，上で述べた対応に等確率の原理を適用したとすれば，この"定常状態の各々"は，そのエネルギーが，E と $E + \Delta E$ の間にある限り，"等しい確率で実現する"ということに

なる．こうして量子力学の概念に依拠すると，統計力学の基礎原理は単純明快になる．

エネルギーが E と $E+\Delta E$ の間にある定常状態の個数（これが $\Omega(E)\Delta E/h^f$ に等しい）を $W(E, \Delta E)$ とすると，この系が巨視的熱平衡状態にあるとき，これらの量子力学的定常状態は等確率で実現する．エネルギーの幅 ΔE は，この量子力学的定常状態を求めるときのハミルトニアンから，"弱い相互作用"を落しているため現れている．この弱い相互作用により，系は量子力学的定常状態の間を次々と遷移して，この等確率の法則が成立するようになっているものと考えられる．このときエントロピー S は，式 (2.38) に平行に，

$$S(E, x; N) = k_B \log W(E, \Delta E, x; N) \tag{2.92}$$

で与えられる．以後の議論はこれまでとなんら変るところがない．式 (2.92) はまた式 (2.82) と平行に，

$$W(E, \Delta E, x; N) = e^{S(E, x; N)/k_B} \tag{2.93}$$

とも書ける．エントロピーの値を求めるということは，すなわち実現する微視的状態の数を知ることである．

2.4.2 自由粒子の量子論

もう1つの例として，自由粒子の運動を量子論に基づいて議論してみよう．粒子は1辺が L の立方体の容器に入っており，粒子は容器の壁で完全反射されるものとする．容器の1つの頂点を原点に，辺に沿って x, y, z 軸をとる．粒子の1軸方向の運動に注目すると，$q=x, y, z$ として，粒子は $q=0$ と $q=L$ の間で往復運動をする．その両端で運動量 p は符号が反対の値に跳ぶから，位相空間での運動の軌跡は図 2.3 のようになる．したがって，式 (2.83) の量子条件は，

$$2|p|L = nh, \qquad n=1, 2, 3, \cdots \tag{2.94}$$

となり，次のように書ける．

$$|p| = \frac{h}{2L}n \tag{2.95}$$

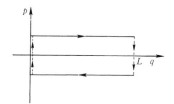

図 2.3 境界で完全反射

3方向の運動について同じ量子条件が課せられるので，自由粒子の定常状態の量子数は3個の自然数の組 (n_1, n_2, n_3) となり，エネルギーは次のようになる．

$$\varepsilon_{n_1 n_2 n_3} = \frac{1}{2m}\left(\frac{h}{2L}\right)^2 (n_1^2 + n_2^2 + n_3^2) \tag{2.96}$$

N 個の粒子からなる理想気体の場合は，全系の量子数 a は $3N$ 個の自然数の組，

$$a = (n_{11}, n_{12}, n_{13}; n_{21}, n_{22}, n_{23}; \cdots ; n_{N1}, n_{N2}, n_{N3}) \tag{2.97}$$

で与えられ，そのエネルギーは次のようになる．

$$E_a = \frac{1}{2m}\left(\frac{h}{2L}\right)^2 \sum_{i=1}^{N} (n_{i1}^2 + n_{i2}^2 + n_{i3}^2) \tag{2.98}$$

式 (2.94) の量子条件は，壁の間を往復運動する粒子についてのものであった．これに対し，2.2 節で論じた古典論では，粒子は定まった運動量をもって直線運動をしているとした．量子論をこの古典論の見方につながるようにするには，少し技巧的だが次のように考えればよい．すなわち，壁に到達した粒子はそこで反射されるのではなく，運動量を変えずに容器の反対側の位置に ($p>0$ とすれば $q=L$ から $q=0$ に) 移るとするのである．位相空間における運動の軌跡は図 2.4 のようになる．したがって量子条件は，

$$pL = nh, \qquad n = 0, \pm 1, \pm 2, \cdots \tag{2.99}$$

となり，次のように書ける．

$$p = \frac{h}{L} n \tag{2.100}$$

この場合は1粒子状態の量子数は3個の整数の組 (n_1, n_2, n_3)

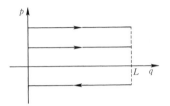

図 2.4 周期的境界条件

となり,エネルギーの固有値は,次式で与えられる.

$$\varepsilon_{n_1 n_2 n_3} = \frac{1}{2m}\left(\frac{h}{L}\right)^2 (n_1{}^2 + n_2{}^2 + n_3{}^2) \tag{2.101}$$

N 個の粒子から成る理想気体では,全系の量子数 a は $3N$ 個の整数の組,

$$a \equiv (n_{11},\, n_{12},\, n_{13};\, n_{21},\, n_{22},\, n_{23};\, \cdots\cdots;\, n_{N1},\, n_{N2},\, n_{N3}) \tag{2.102}$$

で与えられ,その固有エネルギーは,次式で与えられる.

$$E_a = \frac{1}{2m}\left(\frac{h}{L}\right)^2 \sum_{i=1}^{N}(n_{i1}{}^2 + n_{i2}{}^2 + n_{i3}{}^2) \tag{2.103}$$

第 2 の考え方[*]は直観的にはわかりにくい.しかし,体積に比例する熱力学的性質に関しては,境界の扱い方があまり影響しない場合がほとんどなので,古典論との対応がよく,以後の数学的取扱いの簡単なこの考え方がしばしば使われる.

以上の議論では式 (2.83) の量子条件を使って自由粒子(理想気体)の量子状態を得たが,量子力学によりシュレーディンガー方程式を解くことによっても同じ結果が得られる.

式 (2.98) と式 (2.101) とは形が似ているが,係数が 4 だけ違うこと,式 (2.98) は自然数だけをとるのに対し,式 (2.101) はすべての整数をとることにもう一度注意しよう.$n_{11}, n_{12}, \cdots\cdots$ を直交座標とする $3N$ 次元の空間を考え,この空間に $3N$ 次元の単位"立方体"を積み重ねていったとし,この"立方体"の各々に 1 個の頂点を割り当てて考えてみる.この空間の体積

---

[*] これを量子力学では周期的境界条件という.

は，ちょうど式 (2.97) あるいは式 (2.102) で指定される状態の数に等しい．ゆえに，

$$E_a \leqq E \tag{2.104}$$

の条件を満足する式 (2.102) の型の状態数は，半径 $\sqrt{2mL^2E/h^2}$ の $3N$ 次元球の体積に等しい*）．後者は式 (2.31) により，

$$\frac{(\pi 2mL^2E/h^2)^{3N/2}}{\Gamma(3N/2+1)} = \frac{(2\pi mE)^{3N/2}L^{3N}}{\Gamma(3N/2+1)h^{3N}} \tag{2.105}$$

で与えられるが，$L^3=V$ であるから，これはまさに式 (2.33) に座標の積分からくる V^N を掛けたものを h^{3N} で割算した答に一致している．確かに，"h の自由度べきを単位として位相体積を測れば，客観的な意味をもつ状態数が出てくる" ことがわかった．

反射壁の場合の式 (2.97) を使うとき注意すべきは，すべての n_i が正という条件である．例えば $N=1$ の場合，すべての n_i が正であるのは，2^3 象限のうちの１象限だけである．したがって状態数を得るには，式 (2.97) の表式を使い，式 (2.31) の公式に従って求めた球の体積を 2^{3N} で割算しなければならない．これを行うと，

$$\frac{(8\pi mL^2E/h^2)^{3N/2}}{\Gamma(3N/2+1)} \Big/ 2^{3N} = \frac{(2\pi mE)^{3N/2}L^{3N}}{\Gamma(3N/2+1)h^{3N}}$$

となって式 (2.105) の答と一致する．こうしてこの主要な項には，波動関数に対する境界条件が影響しないことがわかる．

問　題

2.4.1 エネルギーが $-\varepsilon$ と ε の２つの量子状態のみをとりうる粒子 N 個の系がある．エネルギーが E の全系の量子状態の数とエントロピーを求めよ．

---

*）球の表面積は体積より１次元下がるので，表面に出入りしている状態数の数え損ないは，半径 ($\propto L\sqrt{E}$) が大きくなれば無視してよい．

2.4.2 固有角振動数 ω の振動子 N 個の系がある.エネルギーが E の全系の量子状態の数とエントロピーを求めよ.また,ここで得られたエントロピーの表式は $E \gg N\hbar\omega$ のとき,2.2 節の問題 2.2.1 の結果と一致することを示せ.

3 熱力学の基礎

3.1 現象論 I——熱力学第 1 法則

1.3 節において,エネルギー移動にはピストンの巨視的な移動による**仕事**とピストンの分子の微視的な運動による**熱**との 2 種があることを見た.この章ではまず,その現象論的な定式化を行う.これが**熱力学**である.

最初に仕事という形のエネルギー移動は力学でよくわかっているものとする.シリンダー内に閉じ込めた圧力 P の気体に対し,ピストンの位置を変えると,ピストンに作用している外力 $-PA$(A はピストンの断面積)の着力点が変位 $\mathrm{d}x$ を行う.$A\mathrm{d}x = \mathrm{d}V$ は体積の増分であるから,外力がなした仕事は,次のようになる.

$$\mathrm{d}'W = (-PA)\mathrm{d}x = -P\mathrm{d}V \tag{3.1}$$

一般に仕事は巨視的な一般座標,すなわちパラメーター x を変化させることによって行われる.この x は単一であることもあるし,複数個あることもある.後者の場合 x_i と書いて,番号 i で区別することにしよう.仕事はわれわれにとって制御可能であって,符号まで含めて任意の大きさだけを行うことができるものである.

外力,すなわち外部から着目している体系に及ぼしている一

般化された力を X（複数個ある場合にはそれぞれの座標に対応して X_i）と書くと，体系に与えられる仕事は，

$$d'W = X dx \tag{3.2}$$

$$d'W = \sum_i X_i dx_i \tag{3.3}$$

と書ける．式 (3.1) の圧力の場合，改めて x として V をとれば，X は $-P$ ということになる．

着目している体系は一般に分子から構成されている．この分子は（微視的な）力学に従って運動しているから，全系として，ある値のエネルギーをもっていることは，力学から自明であろう．前にも述べたようにこの微視的な世界の力学は，古典力学ではなく，量子力学である．それについては，ここではその詳細は必要ではなく，エネルギーの保存則が成立することさえわかっていればよい．全系のエネルギーを E と書けば，状態の変化によって生ずるエネルギーの変化分 dE は一般に上の仕事に等しくない．すなわち，

$$d'Q = dE - d'W \tag{3.4}$$

は一般にはゼロと異なる．これはエネルギーの保存則であるが，式 (3.4) の述べていることは，仕事以外にエネルギー移動が存在する，そしてそれは巨視座標を動かして制御できる力学的仕事と異なるものであるということである．これを**熱**という．

1.3 節において述べた例によると，熱は気体と振動子の平均運動エネルギーの大小関係で移動の方向が決る．後述するが，1 個の自由度の平均運動エネルギーにより温度 T を $\langle p_i^2/2m_i \rangle \equiv k_B T/2$*) と定義すると，$T$ の大きい方から小さい方へ平均的にエネルギーが移動する．この熱移動の法則は，時間反転によって法則が変ってしまう特徴をもっている．つまり不可逆な現象である．

われわれは，この仕事と熱の特徴の差を法則の形で理論体系

---

*) k_B はボルツマン定数．73 ページ参照．

の中に取り込まなければならない．これが熱力学の核心である．

　熱力学は通常**熱静力学**と**熱動力学**に分れる．前者は緩和の終局的な状態，すなわち熱平衡の状態のみを対象とし，この状態間の関係を論じる．後者はこれを基礎とし，熱平衡からわずかにはずれた非平衡状態を対象とし，時間とともにどんな速さで状態が変化して熱平衡状態へ移っていくかを論ずる．後者は不可逆過程の熱力学ともよばれる．これに対し前者は変化の前後関係だけを論じることになる．以下，この章では熱静力学について述べる．

　熱平衡の法則は**熱力学の第0法則**ともよばれる．それは次のようなものである．

(ⅰ) 1つの弧立した体系は，外部パラメーターを一定に保って放置すれば，最初どんな状態にあっても，全エネルギーが同一ならば，やがて同一の終局的な状態に落ち着く（**緩和**）．

　つまりすべての巨視量が1.4節の意味で一定値になる．この巨視的な諸量の値でこれらの状態を区別することができるが，これらの諸量を**状態量**とよび，エネルギー・体積・圧力などがその例である．上の緩和の法則によれば，熱平衡の状態はその外部パラメーター $\{x_i\}$ と全エネルギー E とで区別できる．熱平衡の状態では巨視的な運動は存在しないから，エネルギーはすべて内部の分子の微視的運動によるものになっている．これを**内部エネルギー**とよび U で表す．したがって式 (3.4) は，

$$dU = d'Q + d'W \tag{3.5}$$

と書かれる．これを**熱力学の第1法則**とよぶ．

(ⅱ) 熱平衡に関して推移の法則が成立する．

　2つの体系を接触させて1つの系にしたとき，この合成系が熱平衡に達したとする．ついで，各部分系の外部パラメーターを不変に保ちながら2個の部分系に切り離しても，各系は熱平衡にとどまる．この熱平衡の状態では部分系の間に熱の移動はなく，各系 A, B の内部エネルギー U_A, U_B が定まっているのである．このとき2系は"互いに熱平衡にある"という．さてこ

のことを"A〜B"と書くことにすれば，A〜BかつA〜Cならば B〜C が成立する．

この場合特定の系を選びAとしての働きをさせるならば，すべての物体の熱平衡状態を類別することができる．1つの類に属するものは互いに熱平衡にあるよう類別するのである．このときAの状態を表す特定の状態量を，類別の指標とすることができる．これを一般に**経験温度**とよぶ．例えば，通常用いられている液体温度計は，液体の体積が温度変化することを利用して，液体の体積をこの類別の指標（温度）にしているということができる．

理想気体の一定量に関する PV は，それが内部エネルギーに比例すること，つまり式 (1.23) と，1.3節で述べた熱移動の定理とを考え合せると，特に自然法則にかなった経験温度であるように思われる．PV/Nk_B を気体温度とよび Θ と書くことにする[*]．実在の気体を用いてこれを測定するとすれば，気体を，だいたい理想気体として扱って差し支えないが，精密さを要求すると，理想気体からのずれを補正しなければならない．実際にはこの手続はきわめて厄介なものである．

3.2 カルノー機関

仕事と熱の差違を論じていく上では，Sadi Carnot（カルノー）が考えた理想熱機関が，適合した道具立になる．**熱機関**とは一般に単一または複数の熱源から熱量 Q を吸い上げ外界へ仕事 $-W$ をする装置のことである．仕事をこの形に書いたのは，考えている体系（今の場合熱機関あるいはその中で状態変化を行っている作業物質）へ入ってくる向きにエネルギー移動を考える約束をしたからである．ただし熱源とは，外部パラメーター一定の（したがって仕事をしない）十分大きな一様な系であっ

---

[*] N は分子数，k_B はボルツマン定数．73ページで示すように，こう選ぶことによって Θ は普通に用いられる温度目盛の絶対温度に一致する．

て，熱平衡状態にある巨大な物体を理想化したものである．熱源はしたがって一様な温度にあり，温度だけで特徴づけられるものである．熱の出し入れを受ける着目系に比べて巨大であるため，少々の熱の出入りは熱源の状態に影響ないものと考える．

熱機関はこの過程を周期的に行えるものでなくてはならない．ある一定の変化を経過した後体系がもととまったく同一の状態に復帰する過程を**サイクル**（cycle），あるいは**循環過程**とよぶ．したがって1サイクルで入ってくる熱量 Q，仕事 W の間には，次の関係が成立しなければならない．

$$Q + W = 0 \tag{3.6}$$

熱機関はもと同一の状態に復帰したのだから，内部エネルギーの変化 ΔU はゼロでなくてはならない．これに第1法則 (3.5) を考慮すれば式 (3.6) を得る．

カルノーの過程はすべて準静的である．つまり熱平衡に無限に近い状態を経過しながら変化する過程である．これはかける時間を緩和の時間に比して無限に長くした理想的極限を意味するものと思えばよい．

さてカルノーの理想熱機関とは，2つの熱源（温度 Θ_1, $\Theta_2(>\Theta_1)$）の間で2つの等温過程と2つの断熱過程を行う準静サイクルである．すなわち，作業物質は次の4過程を順次行う．

(ⅰ) 高温熱源に接触して，温度 Θ_2 の等温過程により状態がAからBに変化する．このとき熱源から熱量 Q_2 をもらう．

(ⅱ) 熱源から離れて，断熱過程により状態がBからCに変化する．このとき温度は Θ_2 から Θ_1 に変る．

(ⅲ) 低温熱源に接触して，温度 Θ_1 の等温過程により状態がCからDに変化する．このとき熱源から熱量 Q_1 をもらう．

(ⅳ) 熱源から離れて，断熱過程により状態がDから初めの状態Aにもどる．温度は Θ_1 から Θ_2 に変る．

式 (3.6) における Q，すなわち1サイクルで熱源から入る熱量は，

$$Q = Q_1 + Q_2 \tag{3.7}$$

である.式 (3.6) により,熱機関が外界にする仕事 $-W$ もこれに等しい.

われわれが一番よく知っている物質は理想気体であるから,これを作業物質とするカルノー機関の動作を逐一追ってみよう.

一般に流体(気体と液体を合せてこうよぶ)の熱平衡状態を表すには 2 個の状態量が必要である.2.3 節では内部エネルギー U と体積 V を用いた.ここで,仕事を問題にするときは圧力 P と体積 V を用いるのがよい.この 2 個の変量を直交座標にとって図示することにしよう.一般に状態量の間の関係を与える方程式を**状態方程式** (equation of state) とよぶが,理想気体の場合,それはベルヌーイの定理(式 (1.23)),

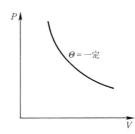

図 3.1 気体の状態方程式

$$PV = Nk_B \Theta \tag{3.8}$$

および,

$$U = \frac{3}{2}Nk_B\Theta \tag{3.9}$$

で与えられる.例えば等温の準静過程を考えると,式 (3.8) により PV 一定である.したがって (P, V) 図に描くとこの過程は双曲線になる.図上の点は熱平衡状態を表し,したがって曲線に向きをつければ,これが 1 つの準静過程に対応することになる.

カルノーサイクルの一部である断熱の準静過程はどのような曲線か.それは,

$$d'Q = 0 \tag{3.10}$$

で与えられるが，これは第1法則 (3.5) に式 (3.1), (3.10) を代入して書き直すと，

$$dU + PdV = 0 \tag{3.11}$$

となる．この U にベルヌーイの定理 (1.23) を代入すると，(P, V) に関する次の微分方程式が得られる．

$$d\left(\frac{3}{2}PV\right) + PdV = \frac{3}{2}VdP + \frac{5}{2}PdV = 0 \tag{3.12}$$

これは $3PV/2$ で割算して，

$$\frac{dP}{P} + \frac{5}{3}\frac{dV}{V} = d\log PV^{5/3} = 0$$

と書いてみればわかるように，解は，

$$PV^\gamma = 一定 \tag{3.13}$$

である．ただし $\gamma = 5/3$ とおいた．

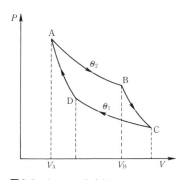

図 3.2 カルノーサイクル

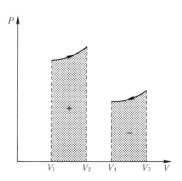

図 3.3 気体の体積変化と仕事

これでカルノーサイクルを (P, V) 図上に描ける．式 (3.8) に従って温度 Θ_1, Θ_2 の2本の等温線 DC, AB を描き，これを2本の断熱線 (3.13) によって切る．後者が BC, AD である．こうして得られた閉曲線が準静サイクルを表すが，熱機関サイクルは図に矢印で示した向きにたどるものである．外部へなす仕事は PdV であるから，有限準静変化を (P, V) 図上に曲線と

して表すと，その曲線と V 軸との間にはさまれた面積がそれに伴って外部へ行った仕事になる．

$$-W = \int_{V_1}^{V_2} P dV \tag{3.14}$$

積分変数の変化を考えると，曲線につけた矢印によってこの仕事の正負が決ることがわかる．したがってカルノーサイクルについて，図示した向きにまわる過程では差引正の仕事が外部になされる．その大きさは面積 ABCD である．

まず等温過程 AB を調べよう．式 (3.9) により，

$$U_A = U_B \tag{3.15}$$

であるから，第1法則により，過程 AB で取り込まれる熱量 Q_2 は，外部へなされる仕事 $-W_{AB}$ に等しい．これは式 (3.8) を用いて，

$$Q_2 = -W_{AB} = \int_{AB} P dV = Nk_B \Theta_2 \int_{V_A}^{V_B} \frac{dV}{V} = Nk_B \Theta_2 \log \frac{V_B}{V_A} \tag{3.16}$$

と計算できる．同様にして等温過程 CD に対し，

$$U_C = U_D \tag{3.17}$$

であるから，次式が得られる．

$$Q_1 = -W_{CD} = Nk_B \Theta_1 \log \frac{V_D}{V_C} \tag{3.18}$$

次に断熱過程 BC では式 (3.13) により，次の式が成立する．

$$P_B V_B^{5/3} = P_C V_C^{5/3} \tag{3.19}$$

これに式 (3.8) の状態方程式をもち込むと，次の形になる．

$$\Theta_2 V_B^{2/3} = \Theta_1 V_C^{2/3} \tag{3.20}$$

同様に過程 DA について，

$$\Theta_1 V_D^{2/3} = \Theta_2 V_A^{2/3} \tag{3.21}$$

が得られるから，以上2式により，

$$\frac{V_A}{V_B} = \frac{V_D}{V_C} \tag{3.22}$$

が成立することがわかる．ゆえに式 (3.16) と式 (3.18) の比をつくると，次式のように簡単な法則が成り立つことがわかる．

$$\frac{Q_2}{Q_1} = \frac{\Theta_2 \log(V_B/V_A)}{\Theta_1 \log(V_D/V_C)} = -\frac{\Theta_2}{\Theta_1} \tag{3.23}$$

これはまた，次の形にも書ける．

$$\frac{Q_1}{\Theta_1} + \frac{Q_2}{\Theta_2} = 0 \tag{3.24}$$

このように理想気体を作業物質とするカルノー熱機関では，高熱源から取る熱量と低熱源から取る熱量の比の絶対値は，両熱源の気体温度の比に等しい．したがって絶対値で $|Q_2|>|Q_1|$ である．熱機関であるため外部にする仕事が $-W=Q_1+Q_2>0$ になるようにするには $Q_2>0, Q_1<0$ でなくてはならない．すなわち高熱源から熱量を取り，その一部を仕事 $-W$ として外部へ与え，残りのエネルギーを熱量として低熱源へ与えるのである．

問　題

3.2.1 理想気体のカルノーサイクルを内部エネルギー U と体積 V を座標軸にした面上に表せ．

3.2.2 理想気体が，図に示した2種の準静的循環過程を行うとき，それぞれの場合の効率が次のように与えられることを示せ．ただし，A→B, C→D はいずれも断熱変化である．また，効率 η は高熱源から得た熱を Q_2，外へなした仕事を W とすれば，$\eta = W/Q_2$ である．

(a) $\eta = 1-(V_2/V_1)^{\gamma-1}$, (b) $\eta = 1-(P_1/P_2)^{(\gamma-1)/\gamma}$

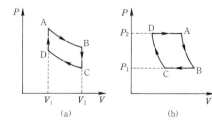

3.3 現象論 II ── 熱力学第 2 法則

3.2 節の議論は理想気体の特性，すなわち状態方程式を使った．では，作業物質が一般に任意の物質だと議論はどうなるだろうか．また，もし過程が準静的でなかったらどうなるだろうか．その定式化のためには，一般に自明として受け入れられるような前提，例えばユークリッド幾何学の場合の公理に対応する"原理"から出発して議論しよう．この原理は熱についての特性と，仕事についての特性を含むものでなくてはならない．

このような原理として，次の 2 つのものがよく使われる[*]．

(ⅰ) **クラウジウスの原理**

"熱が高温から低温へ移動するのは不可逆である"．

可逆とは，何らかの手段をとれば，結果として何物にも変化を残さず，状態をもとにもどすことができることをいう．したがって不可逆現象ではどんなことをしてもどこかに変化が残ることになる．クラウジウスの原理では，高温から低温へ移った熱量は，なんらかの方法を用いれば高温体へもどすことができるが，そうするとその手続に使った物体のどこかに必ず変化が残るのだ，といっているのである．

(ⅱ) **トムソンの原理**

"1 つの熱源からとった熱量を全部仕事に変えてしまうサイクルは存在しない"．

このサイクルを行う仮想の熱機関を**第 2 種の永久機関**[**] (perpetual motion) とよぶ．トムソンの原理は，したがって，

---

[*] この他に，より抽象的な形の，したがって常識ではわかりにくい形に洗練されたものもある．これは熱力学を透明な形に組み立てるには好都合だという利点があるが，ここでは触れないことにする．

[**] エネルギーの供給を受けることなく外部に対して仕事を行う仮想の熱機関を第 1 種の永久機関という．これは熱力学の第 1 法則（エネルギー保存則）に反しており，存在しえない．

第2種の永久機関は存在しない，というふうに表現することができる．これと逆の手続，つまり仕事を全部熱に変えて，1つの熱源に与えることは許される．たとえば熱源の表面の摩擦に抗して仕事をすればよいわけである．

1つ重要なことは，"この2種類の原理が互いに同等である"ということである．これが証明できれば，その場その場で都合のよい方の原理を使って論じてゆくことができる．

証明：まずクラウジウスの原理が成立しないとすれば，低熱源 Θ_1 から高熱源 Θ_2 へ，他になんら影響を残さず $Q_2(>0)$ の熱量をもち上げることができるはずである[*]．この操作に，この Q_2 を高熱源から受け，低熱源から熱量 $Q_1(<0)$ を受けて作動し，外部に対して $Q_2+Q_1=-W$ の仕事をするカルノー機関を組み合せる．この熱機関は 3.2 節で述べた理想気体を作業物質とするものでもよい．この組み合せた操作は1サイクル経過したとき，低熱源 Θ_1 から Q_2+Q_1 の熱量を取り，それをそっくり $-W$ の仕事に変えている．高熱源は差引もとにもどっている．したがって第2種の永久機関ができたことになり，トムソンの原理が成立しないことになってしまう．

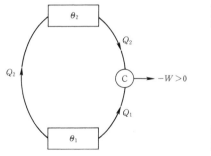
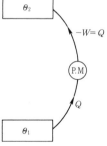

図 3.4 クラウジウスの原理が成立しないと，第2種永久機関ができる．

図 3.5 第2種永久機関があれば，クラウジウスの原理が成立しない．

[*) 簡単のため，以下では温度 Θ の熱源を熱源 Θ とよぶことにする．

次にトムソンの原理が成立しないとすると，例えば低熱源から熱量 Q をとって，これをそっくり仕事 $-W$ 変えることのできる熱機関が存在する．そこで高熱源が及ぼす摩擦力に抗してこの仕事をさせ，これを熱量に変えて高熱源に与えてしまう．熱機関はもとにもどっているから，結局低熱源から高熱源へ熱量が移っただけの結果になっている．つまりクラウジウスの原理に反する結論が得られたことになる．

以上2つの結論から，クラウジウスの原理とトムソンの原理とはまったく等価であるといえる．

3.2節で論じたカルノー機関は，作業物質が行う過程がすべて準静的であった．準静的な過程は逆向きに進行させることもできる．例えば，過程 AB で熱源から作業物質へ熱量 Q_2 を準静的に移す場合を考えると，作業物質の温度を熱源よりわずかに低くし，十分に長時間をかけて過程を進行させればよい．温度差を無限小，時間を無限大にした極限が準静過程である．この過程を逆に進めるには，作業物質の温度を熱源よりわずかに高くし，長時間かけて過程を進行させる．ここでも温度差を無限小にした極限を考えると，過程は初めの順方向の過程をちょうど逆にたどることになる．すなわち，準静的な過程は可逆である．したがって，準静的に働く熱機関は逆向きに運転することができる．このような熱機関を可逆機関という．可逆機関はいわば理想化された熱機関であって，一般の熱機関は可逆とは限らない．

さて高熱源 Θ_2 と低熱源 Θ_1 の間で働く一般の熱機関を考えよう．1サイクルでそれぞれの熱源からとる熱量を Q_2, Q_1 とする．外部に対してなす仕事は $Q_2+Q_1=-W$ である．もし外に対し正の仕事をする（$W<0$）ならば，$Q_2>0$ で $Q_1<0$ である．

証明：もし $Q_1\geqq0$ ならば，両熱源を接触させ低熱源へ熱量 Q_1 を熱伝導により補給することができる．そうすると低熱源はもとにもどり，結局高熱源 Θ_2 を熱源とする第2種の永久機関ができたことになり，トムソンの原理に反する．ゆえに $Q_1<0$，したが

って $Q_2>0$ である．

次に，2つの熱源 Θ_2, Θ_1 の間に働く熱機関についての Q_1/Q_2 は，可逆機関のものは互いに等しく，かつ最大である．

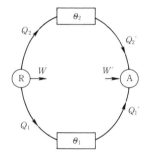

図 3.6 2つの熱機関 A, R（可逆機関）の組合せ

証明：熱源の間に，1個の一般の熱機関 A と，1個の可逆機関 R を置き，後者を逆運転する．つまり1サイクルの間に熱量 Q_2 を高熱源 Θ_2 に与え，低熱源 Θ_1 に Q_1 を与え，$W=-Q_2-Q_1$ の仕事を外部に行う．熱源 A は1サイクルの間に高熱源 Θ_2 から熱量 Q_2' を，低熱源 Θ_1 から熱量 Q_1' を取り，外部に $-W'=Q_1'+Q_2'$ の仕事を行うものとする．ここで，可逆機関 R はその作業物質の量を調節し，Q_2 が，熱機関 A が高熱源 Θ_2 からとる熱量 Q_2' に等しくなるようにする．

$$Q_2' = Q_2 \tag{3.25}$$

この2つの熱機関を組み合せた機関が1サイクル働いた後で，低熱源が失った熱量は $Q_1'-Q_1$ に等しい．高熱源は差引もとにもどっているから，これは外に対してなした仕事に等しい．

$$Q_1'-Q_1 = W-W' \tag{3.26}$$

トムソンの原理によりこれは正であってはならない．さもなければ第2種の永久機関ができたことになる．ゆえに，

$$Q_1' \leqq Q_1 \tag{3.27}$$

これと式 (3.25) とを組み合せ，先に証明した $Q_2'>0$ を考慮に入れると，次のようになる．

$$\frac{Q_1}{Q_2} \geq \frac{Q_1'}{Q_2'} \tag{3.28}$$

もし熱機関 A も可逆ならば，両方の熱機関とも逆運転すれば，熱機関の役目が両方で取り代るだけで，同様な議論が成立する．したがって，

$$\frac{Q_1'}{Q_2'} \geq \frac{Q_1}{Q_2}$$

これと式 (3.28) と組み合せると，可逆機関について，

$$\frac{Q_1'}{Q_2'} = \frac{Q_1}{Q_2} \tag{3.29}$$

が成立することがわかる．

3.4 クラウジウス不等式

3.3 節の議論によれば，2 つの熱源 Θ_1, $\Theta_2(\Theta_1<\Theta_2)$ の間に働く熱機関について，両熱源からとる熱量 Q_1, Q_2 の比は可逆機関のものは互いに等しく，最大になる．この比は作業物質などに依存せず，可逆という条件だけで定まっている．したがってこの比は，熱源の温度——熱源の状態は温度だけで指定されることを想起しよう——について基本的な意味をもっているものと考えられる．

3.2 節で調べた理想気体を作業物質とするカルノー機関は，準静サイクルであるから可逆である．したがってこの機関についての比 Q_1/Q_2 も上記の最大値に等しい．式 (3.23) によればこの比は $-\Theta_1/\Theta_2$ に等しい．この気体温度を用いるならば，3.3 節で得られた定理は次のように書くことができる．2 つの熱源 Θ_1, Θ_2 の間に働く一般の熱機関について，両熱源からとる熱量を Q_1, Q_2 とすれば，

$$\frac{Q_1}{Q_2} \leq -\frac{\Theta_1}{\Theta_2} \tag{3.30}$$

すなわち，

$$\frac{Q_1}{\Theta_1} + \frac{Q_2}{\Theta_2} \leq 0 \tag{3.30'}$$

となる．ここで 3.3 節で得た一般的な結論 $Q_2>0$ を使った．気体温度 Θ は物質の種類によらないとはいえ理想気体という状態で定義された経験温度であったが，式 (3.30′) が任意の機関について成立するという結果を見ると，それは基本的，普遍的意味をもつ温度であることがわかる．

これから示唆されることは，逆に可逆機関についてのこの熱量の比 $-Q_1/Q_2$ によって両熱源の温度の比が与えられると定義することである．すなわち**熱力学的絶対温度** T を，

$$\frac{-Q_1}{Q_2} \equiv \frac{T_1}{T_2} \tag{3.31}$$

によって導入しよう．明らかにこの温度は理想気体の状態方程式に依存した経験温度 Θ の拡張になっている．拡張されたのは，作業物質が可逆な過程をたどりさえすれば，それが理想気体でなく一般の物質であってよいという点である．

絶対温度 T は正の値にとると約束できるが，尺度は式 (3.31) だけでは決らない．そこで，客観的に定まった状態を選び，その温度の値を決めることにより，温度の尺度を定める．このような点を温度の定点という．現在用いられているものは，水の 3 重点[*]を 273.16K（ケルビン）としたケルビン温度である．理想気体の状態方程式 (3.8)，(3.9) により導入した気体温度 Θ は，係数 k_B をボルツマン定数，

$$k_B = 1.380662 \times 10^{-23} \text{J} \cdot \text{K}^{-1} \tag{3.32}$$

と選ぶことにより，ケルビン温度 $T(\text{K})$ に一致する．ふつう用いられるセ氏温度 $t(°\text{C})$ は，$T(\text{K})$ と次の関係がある．

$$t = T - 273.15 \tag{3.33}$$

一般の機関では，比 Q_1'/Q_2' は可逆機関についての値 (3.31) より小さいから，

---

[*] 水の 3 重点とは，氷・水・水蒸気の 3 相が共存して熱平衡にある状態をいう．

$$\frac{Q_1'}{Q_2'} \leqq -\frac{T_1}{T_2} \tag{3.34}$$

あるいは,

$$\frac{Q_1'}{T_1} + \frac{Q_2'}{T_2} \leqq 0 \tag{3.35}$$

と書ける．これは式 (3.30) の一般化である．

これをさらに一般化すると次のようになる．熱源 $T_1, T_2, \cdots, T_n$ からそれぞれ $Q_1', Q_2', \cdots, Q_n'$ をとって1サイクルを終る熱機関 E に対して,

$$\sum_{i=1}^{n} \frac{Q_i'}{T_i} \leqq 0 \tag{3.36}$$

が成立する．ただし等号はこの機関が可逆のときである．これを**クラウジウスの不等式**とよぶ．

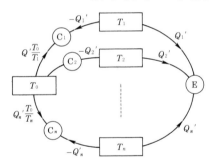

図 3.7 クラウジウス不等式の証明

証明：すべての熱源 $T_1, T_2, \cdots, T_n$ より高温の熱源 T_0 と，低熱源 $T_1, T_2, \cdots, T_n$ と高熱源 T_0 との間で働く n 個の可逆機関 $C_1, C_2, \cdots, C_n$ を用意する．可逆機関 C_i は図 3.7 のように低熱源 T_i から $-Q_i'$ の熱を取り，高熱源 T_0 からは，式 (3.31) により $Q_i' T_0/T_i$ の熱量を取って働かせる．この n 個の可逆機関と熱機関 E から成る複合機関を1サイクルまわすと，熱源 T_i から出た熱量は各々差引ゼロで，これらの熱源はもとにもどっている．したがって熱源 T_0 から出た熱量はそのまま仕事となるわけである．その総量は $T_0 \sum_{i=1}^{n} Q_i'/T_i$ であるが，トムソンの原理によりこれは正であってはならない．正ならばこれは第2種永

久機関ができたことになるからである．ゆえに，

$$T_0 \sum_{i=1}^{n} \frac{Q_i'}{T_i} \leq 0$$

あるいは正の量 T_0 で割算して，

$$\sum_{i=1}^{n} \frac{Q_i'}{T_i} \leq 0 \tag{3.37}$$

を得る．

熱機関 E が可逆ならば等号が成立する．それは全部を逆運転したとすれば，すべての Q_i' を $-Q_i'$ においた関係が同様な議論によって得られる．すなわち，

$$\sum_{i=1}^{n} \frac{-Q_i'}{T_i} \leq 0$$

となる．可逆過程である場合はこれと式（3.37）が同時に成り立つのだから，等式が成立している．

3.5 エントロピー

3.4 節で導いたクラウジウスの不等式において，熱源の温度差を順次小さくし，個数 n を増大させる．その極限で不等式は，次のように書くことができる．

$$\oint \frac{d'Q}{T_R} \leq 0 \tag{3.38}$$

ただし T_R は熱源の温度であり，熱機関はそれから $d'Q$ だけの熱量を取るものとする．積分記号につけた丸は，熱機関 E が行うサイクルに対応して，問題の体系が変化してもとの状態にもどることを示す．

流体の熱平衡状態は 2 変数（2 個の状態量）で指定できるから，それを平面内の直交座標にとって図示することができる．しかし対象とする体系によっては，その熱平衡状態を図示するのに何次元かの空間が必要になる．以下では議論を一般にする必要があるので，状態を示す点とか，準静過程を示す曲線とかはその多次元の空間の中の点と曲線だと考えるものとしよう．

まず図 3.8 に示したような，閉じた準静過程に式 (3.38) を適用しよう．準静過程はもちろん可逆であるから等式が成立する．積分を 2 部分に分けて，

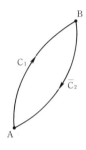

図 3.8 A, B を結ぶ 2 つの準静過程

$$\int_{C_1} \frac{d'Q}{T} + \int_{C_2} \frac{d'Q}{T} = 0 \tag{3.39}$$

と書こう．温度を T_R でなく T と書いたのは，準静過程であるから体系はすべて各熱源と熱平衡にあり，したがって熱源の温度は体系自身の温度に等しいからである．いま $\overline{C}_2$ の逆過程 C_2 を考えよう．各微小過程において体系に与えられる熱量 $d'Q$ に対し，その逆過程では $-d'Q$ の熱量が体系に与えられることになるから（もちろんその際の温度は両過程とも同じである），

$$\int_{\overline{C}_2} \frac{d'Q}{T} = -\int_{C_2} \frac{d'Q}{T} \tag{3.40}$$

となり，式 (3.39), (3.40) の 2 式から，

$$\int_{C_1} \frac{d'Q}{T} = \int_{C_2} \frac{d'Q}{T} \tag{3.41}$$

を得る．これは始点 A，終点 B をとめておけば，途中の経路をどうとろうと，準静過程である限り，この積分の値は同一の値をもつことを意味する．すなわち，次のように書ける．

$$\int_A^B \frac{d'Q}{T} = f(B, A) \tag{3.42}$$

この積分は図 3.9 に示した C_1 と C_2+C_3 のような 2 つの経路でも等しい．これを関数 f で書くと，

$$f(B, O) = f(B, A) + f(A, O)$$

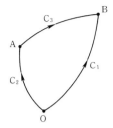

図 3.9 基準点 O と A, B を結ぶ準静過程

となり，したがって次のように書ける．

$$f(B, A) = f(B, O) - f(A, O)$$

関数 $f(A, O), f(B, O)$ は状態 O を基準として決めておけば，系の状態 A, B によって定まる量，すなわち状態量である．これを，

$$S(A) = f(A, O), \quad S(B) = f(B, O)$$

と書けば，積分は，

$$\int_A^B \frac{d'Q}{T} = S(B) - S(A) \tag{3.43}$$

と表される．状態量 S をエントロピーとよぶ．とくに状態 A と B が無限に近い微小変化を考えると，次のようになる．

$$\frac{d'Q}{T} = dS \tag{3.44}$$

ここで熱力学的な考察に基づいて定義したエントロピーは，2.3 節で微視的な立場（統計力学）から導入したエントロピーと同じものである．そのことは，式 (2.80) と式 (3.44) が同じ関係式であること，そこに出てくる熱量の定義が式 (3.2)，(3.4) と式 (2.74) で使ったものとは同一であること，また絶対温度についても理想気体の状態方程式 (2.53) または (3.9) で定義される気体温度が熱力学的温度と一致することから明らかである．

さてもし A から B へ変化させる過程 C が一般の過程であるならば，図に曲線として描くわけにゆかない．これを図 3.10 のように点線で示しておくことにしよう．この場合にはクラウジ

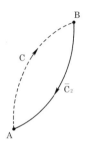

図 3.10 A, B を結ぶ準静過程 $\bar{\mathrm{C}}_2$ と一般の過程 C

ウスの不等式 (3.38) は，

$$\int_{\mathrm{C}} \frac{\mathrm{d}'Q}{T_\mathrm{R}} + \int_{\bar{\mathrm{C}}_2} \frac{\mathrm{d}'Q}{T} \leq 0 \tag{3.45}$$

と書かれる．ただし過程 C が可逆である場合に等号が成立する．これは式 (3.40)，および式 (3.43) を用いると，次のように書ける．

$$\int \frac{\mathrm{d}'Q}{T_\mathrm{R}} \leq S(\mathrm{B}) - S(\mathrm{A}) \tag{3.46}$$

特に A と B が無限に近い微小変化を考えると，

$$\frac{\mathrm{d}'Q}{T_\mathrm{R}} \leq \mathrm{d}S \tag{3.47}$$

となる．これを，

$$\mathrm{d}'Q \leq T_\mathrm{R}\,\mathrm{d}S \tag{3.48}$$

と書くと，微小仕事に対する式 (3.2) の表式，

$$\mathrm{d}'W = X\,\mathrm{d}x \tag{3.49}$$

と平行な形をしていることに気が付く．ただし不等号がある点が特異なわけで，ここに熱と仕事の差違が集中的に表現されているのである．この点を理解することが重要である．

ここで時間反転について触れておこう．熱力学の場合，この反転は時間的な経過の順序を逆転させることに帰着する．式 (3.48) あるいは式 (3.49) でいうなら，時間反転を行うと，すべての微分量 $\mathrm{d}'Q, \mathrm{d}S$ あるいは $\mathrm{d}'W, \mathrm{d}x$ が符号を変える．この結果，式 (3.49) は両辺に負号がついたものであり，もとの法則と等価である．これに対し式 (3.48) は，

$$-\mathrm{d}'Q \leq -T_\mathrm{R}\mathrm{d}S$$
したがって，
$$\mathrm{d}'Q \geq T_\mathrm{R}\mathrm{d}S$$
となって，もとの法則と異なったものになってしまう．熱が関与する法則は時間の前後を区別しているわけである．

―――――――――― 問　題 ――――――――――

3.5.1 状態 $\mathrm{A}(T, V)$ における理想気体のエントロピーを，状態 O (T_0, V_0) を基準とし，図の経路 OBA に沿って定義式，
$$S(\mathrm{A}) = \int_0^\mathrm{A} \frac{\mathrm{d}'Q}{T}$$
の積分を行うことにより求めよ．

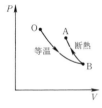

3.6 完　全　微　分

式 (3.42) によれば $\mathrm{d}'Q/T$ を積分すると，その値は始点と終点だけに依存して，途中の経路によらない値になる．$\mathrm{d}'Q$ を積分するとこうはゆかない．簡単な例は流体で見ることができる．式 (3.5) に流体の場合の微小仕事の表式，
$$\mathrm{d}'W = -P\mathrm{d}V$$
を代入すると，
$$\mathrm{d}'Q = \mathrm{d}U + P\mathrm{d}V \tag{3.50}$$
となる．これを例えば (P, V) 図上のある経路に沿って積分し

たとすれば，右辺第1項は終点の U から始点の U の値を引算したものになり，答は途中の経路に依存しない．ところが右辺第2項は，式 (3.14) で説明したように，経路と V 軸とにはさまれた部分の面積（正負を考えた）に等しい（図3.3）．したがって答は始点，終点だけでなく，途中の経路に依存する．したがってまたこの2項の和である $d'Q$ の積分も途中の経路に依存する．すなわち準静過程で入ってくる熱量は途中の過程により異なるのである．換言すれば $d'W$ とか $d'Q$ とかは，W または Q という関数の微分というものではない．実はこのことを区別して示すために d' という記号を用いてきたのである．この点をもっとよく理解するために，数学的な事情を少し詳しく述べよう．

一般に，z が変数 x, y の関数として，
$$z = z(x, y) \tag{3.51}$$
と与えられているとしよう．変数が $x \to x+\Delta x$, $y \to y+\Delta y$ と変化したとき，z が $z \to z+\Delta z$ と変化したとすれば，

$$\begin{aligned}\Delta z &= z(x+\Delta x, y+\Delta y) - z(x, y) \\ &= \frac{z(x+\Delta x, y+\Delta y) - z(x, y+\Delta y)}{\Delta x}\Delta x \\ &\quad + \frac{z(x, y+\Delta y) - z(x, y)}{\Delta y}\Delta y\end{aligned}$$

である．ここで $\Delta x \to 0$, $\Delta y \to 0$ の極限を考えると，$\Delta x, \Delta y$ の係数は，次のようになる．

$$\lim_{\Delta x \to 0} \frac{z(x+\Delta x, y) - z(x, y)}{\Delta x} = \left(\frac{\partial z}{\partial x}\right)_y \tag{3.52}$$

$$\lim_{\Delta y \to 0} \frac{z(x, y+\Delta y) - z(x, y)}{\Delta y} = \left(\frac{\partial z}{\partial y}\right)_x \tag{3.53}$$

ここで，第1式は y を一定にしたときの z の x による微分，第2式は x を一定にしたときの z の y による微分を表し，これらを偏微分という．したがって無限小変化 dx, dy と dz の関係は，

$$dz = \left(\frac{\partial z}{\partial x}\right)_y dx + \left(\frac{\partial z}{\partial y}\right)_x dy \tag{3.54}$$

と表される．このとき dz を完全微分という．

一方，微小量 dx, dy と dz の間に，
$$dz = A(x,y)dx + B(x,y)dy \tag{3.55}$$
の関係があったとしよう[*]．この関係を満たす関数 $z=z(x,y)$ があるとすれば，
$$A(x,y) = \left(\frac{\partial z}{\partial x}\right)_y, \quad B(x,y) = \left(\frac{\partial z}{\partial y}\right)_x \tag{3.56}$$
である．$z(x,y)$ が素直な関数であれば，微分の順序を変えることができる．すなわち，
$$\frac{\partial^2 z}{\partial x \partial y} = \frac{\partial^2 z}{\partial y \partial x} \tag{3.57}$$
が成り立つ．したがって，関数 A と B の間には，
$$\left(\frac{\partial A}{\partial y}\right)_x = \left(\frac{\partial B}{\partial x}\right)_y \tag{3.58}$$
の関係が成り立たなければならない．逆に，式 (3.58) が成り立てば式 (3.55) を満たす関数 $z(x,y)$ が存在する，すなわち式 (3.55) の dz が完全微分であることを示すことができる．

よく知られた電磁気学の例を挙げよう．2次元の静電場 $\boldsymbol{E} \equiv (E_x, E_y)$ の中で電荷 q を $d\boldsymbol{r} \equiv (dx, dy)$ だけ動かすために要する仕事 dW は，
$$dW = -q\boldsymbol{E} \cdot d\boldsymbol{r} = -qE_x(x,y)dx - qE_y(x,y)dy \tag{3.59}$$
である．静電場は $(\nabla \times \boldsymbol{E}) = 0$ を満たす．その z 成分を書くと，
$$\frac{\partial E_y}{\partial x} - \frac{\partial E_x}{\partial y} = 0 \tag{3.60}$$
となる．これは，式 (3.59) の係数が式 (3.58) の関係を満たすことを示している．すなわち，式 (3.59) の dW は全微分であり，この式を満たす関数 $W(x,y)$ が存在する．$q=1$ のとき，この関数は静電ポテンシャルにほかならない．

2次元静磁場 (H_x, H_y) 中を磁荷 m を動かすときの仕事 $d'W$ は，

---

[*] 一般にこの形の式をパフ（Pfuff）の微分式という．

$$\mathrm{d}'W = -mH_x(x,y)\mathrm{d}x - mH_y(x,y)\mathrm{d}y \tag{3.61}$$

である．磁場は $(\nabla \times \boldsymbol{H}) \neq 0$，したがって，

$$\frac{\partial H_y}{\partial x} - \frac{\partial H_x}{\partial y} \neq 0 \tag{3.62}$$

である．式 (3.61) の係数は式 (3.58) の関係を満たさず，したがって，このときの $\mathrm{d}'W$ は完全微分でない．磁場に対してポテンシャルが定義できないことはよく知られている．

これと同じように，式 (3.50) の $\mathrm{d}'Q$ も完全微分でない．それは，式 (3.50) に式 (3.58) の判定条件を適用してみても明らかである．式 (3.50) では $\mathrm{d}U$ の係数は 1 であるから，式 (3.58) は，

$$\left(\frac{\partial P}{\partial U}\right)_V = 0$$

となり，圧力 P は体積 V のみの関係でなければならないことになる．このようなことは成り立たないから $\mathrm{d}'Q$ は完全微分ではないのである．しかし，3.5 節で見たように，$\mathrm{d}'Q/T \equiv \mathrm{d}S$ とおけば，関数 $S(U,V)$ が定義できる，すなわち $\mathrm{d}S$ は完全微分になる．このことを，別の角度から考えてみよう．

一般に，2 変数のパフの微分式は，適当な関数（積分分母という）で割算することにより，必ず完全微分の形にすることができるのである．まず，このことを証明する．

証明：パフの微分式を，

$$\mathrm{d}'Q = \mathrm{d}U - X(U,x)\mathrm{d}x \tag{3.63}$$

とする．U, x を直交座標として平面を考え，$\mathrm{d}'Q = 0$，すなわち，

$$\mathrm{d}U - X\mathrm{d}x = 0 \tag{3.64}$$

という微分方程式を考える．これは任意の点 U_0, x_0 を与えるとその隣の点 $(x_0 + \mathrm{d}x, U_0 + X(U_0, x_0)\mathrm{d}x)$ を定義するから，順次つなげば曲線が定まる．この曲線を，

$$S(U,x) = C \tag{3.65}$$

と書くと，パラメーター C を変えて得られる曲線群によって

(U, x) 面を覆うことができる. 式 (3.65) の微分をつくると,

$$\left(\frac{\partial S}{\partial U}\right)_x dU + \left(\frac{\partial S}{\partial x}\right)_U dx = 0 \tag{3.66}$$

となる. そこで,

$$\frac{1}{T} = \left(\frac{\partial S}{\partial U}\right)_x \tag{3.67}$$

で定義される関数 $T(U, x)$ を式 (3.66) に代入すると,

$$dU + T\left(\frac{\partial S}{\partial x}\right)_U dx = 0 \tag{3.68}$$

が得られる. これをもとの（曲線を定義する）方程式 (3.64) と比較すると,

$$X = -T\left(\frac{\partial S}{\partial x}\right)_U \tag{3.69}$$

でなくてはならないことがわかる. 式 (3.67), (3.69) をもち込むと式 (3.63) は,

$$d'Q = T\left[\left(\frac{\partial S}{\partial U}\right)_x dU + \left(\frac{\partial S}{\partial x}\right)_U dx\right] = TdS \tag{3.70}$$

という結論になる. すなわち 2 変数のパフの微分式 (3.63) の積分分母は必ず存在して, それは式 (3.67) で与えられる. ついでに注意しておくと, 式 (3.65) により, 関数 S としてはこれの定数倍したものでもよいわけであって, この意味で一義的ではないが, 式 (3.70) により TdS という積の値は定まっているのである.

それでは 3 変数のときはどうか. 一般には積分分母は存在しないというのが結論である. その例として,

$$d'Q = -y dx + x dy + dz \tag{3.71}$$

を挙げよう.

証明：もし積分分母 T が存在して,

$$d'Q = TdS \tag{3.72}$$

と書けるとしよう. 式 (3.71) と (3.72) とから,

$$\frac{\partial S}{\partial x} = -\frac{y}{T}, \quad \frac{\partial S}{\partial y} = \frac{x}{T}, \quad \frac{\partial S}{\partial z} = \frac{1}{T} \tag{3.73}$$

が得られる. これを使って $\partial^2 S/\partial y \partial x = \partial^2 S/\partial x \partial y$ を書いてみる

と,
$$2T = x\frac{\partial T}{\partial x} + y\frac{\partial T}{\partial y} \tag{3.74}$$

を得る.同様に $\partial^2 S/\partial z \partial x = \partial^2 S/\partial x \partial z$, $\partial^2 S/\partial z \partial y = \partial^2 S/\partial y \partial z$ は,
$$\frac{\partial T}{\partial x} = -y\frac{\partial T}{\partial z}, \qquad \frac{\partial T}{\partial y} = x\frac{\partial T}{\partial z} \tag{3.75}$$

となる.この式 (3.75) を式 (3.74) に代入すると,恒等的に,
$$T = 0$$
となって,積分分母が実は存在しないことがわかる.

以上は数学的事情であるが,物理的体系の場合は,外部パラメーターがいくつ存在しようと,準静過程で入ってくる微小熱量 $d'Q$ には必ず積分分母 T が存在して,
$$\frac{d'Q}{T} = dS \tag{3.76}$$

と書けるのである.このことは"物理の定理"なのである.これと式 (3.3) を式 (3.5) に代入すると,
$$dU = TdS + \sum_i X_i dx_i \tag{3.77}$$

が準静過程について成立する.特に流体の場合,
$$dU = TdS - PdV \tag{3.78}$$
と書けることになる.

問題

3.6.1 つぎの dz は完全微分か.完全微分であれば,関数 $z(x, y)$ を求めよ.
(a) $dz = (x^2 + y^2)dx + 2xy dy$
(b) $dz = x^2 y dx + xy^2 dy$

4 まとめ

4.1 まとめ

4.1.1 熱力学・統計力学の諸関係

以上熱平衡にある体系について，統計力学と熱力学の基本を概説した．本書の後半で応用へ進むために，ここで，これまでの議論をまとめておこう．以下では場ばあいに応じて両方の論理を自由に使って議論を進めてゆきたい．

まず仕事は外部パラメーター x を変化させることによって行うことができ，その制御はわれわれの任意である．微小仕事は，

$$d'W = Xdx \qquad [d'W = -PdV] \qquad (4.1)$$

と書ける．[ ]内は流体の場合である．準静的に仕事が行える場合，X は考えている体系に関する状態量である．特に，

$$X = X(U, x) \qquad [P = P(U, V)] \qquad (4.2)$$

と考えることができる．

体系の内部エネルギー U（特にことわらない限り体系は巨視的に静止しているものとする．そして E の代りに U と書く．）の増分は一般に仕事によるもの以外にも寄与がある．これが熱 $d'Q$ であって，

$$d'Q = dU - d'W \qquad (4.3)$$

が熱力学第1法則である．準静過程の場合，絶対温度 T が積分分母の役目をして，熱が，

$$d'Q = TdS \tag{4.4}$$

の関係により状態量であるエントロピーSの変化に関連づけられる．式 (4.1)，(4.4) を式 (4.3) に代入すると次式を得る．

$$dS = \frac{1}{T}dU - \frac{X}{T}dx \quad \left[dS = \frac{1}{T}dU + \frac{P}{T}dV\right] \tag{4.5}$$

対応する体系を微視的に見ると，そのハミルトニアンは外部パラメーターをパラメーターとして含んでいる．

$$\mathcal{H} = \mathcal{H}(q_1, q_2, \cdots, p_1, p_2, \cdots; x) \tag{4.6}$$

エネルギーが U と $U+\Delta E$ の間にある，すなわち，

$$U \leqq \mathcal{H} \leqq U + \Delta E \tag{4.7}$$

の関係を満たす位相空間の体積を，

$$\Omega(U, x; N)\Delta E \tag{4.8}$$

と書くと，Ω は，

$$\Omega(U, x; N)\Delta E \simeq e^{S(U,x;N)/k_B} \tag{4.9}$$

の形になっている．ただし，S は体系のエントロピーであって，外部パラメーター x，内部エネルギー U のほか粒子数 N の関数になっている．この部分空間の各微小体積で代表される微視的状態は，体積に比例した確率で実現される（等確率の原理）．一様な系では S は N に比例し，分子1個あたりのエントロピー $s=S/N$ は示強変数の関数であって，x のほか分子1個あたりのエネルギー $u=U/N$ の関数と考えられる．（x も適当に示強変数に変えたものと考える．例 $V \to V/N$.）

$$S = Ns(u, x) \tag{4.10}$$

このように同定すると式 (4.9) は独立変数の変化に対し式 (4.5) を与える．

$$\begin{aligned}\frac{1}{T} &= \frac{\partial}{\partial U}[k_B \log(\Omega\Delta E)]_x = \left(\frac{\partial S}{\partial U}\right)_x \\ \frac{X}{T} &= -\frac{\partial}{\partial x}[k_B \log(\Omega\Delta E)] = -\left(\frac{\partial S}{\partial x}\right)_U\end{aligned} \tag{4.11}$$

現象論である熱力学は状態量の間の関係を一般に与えてくれ

るが，特定の物質に対して特定の状態量がどんな関数で与えられるかは，教えてくれない．統計力学ではここまでの枠組でいうなら，まず式 (4.6), (4.7) に従って位相密度関数 $\Omega(U, x)$ を計算する．これから式 (4.9) の関係によってエントロピーを U, x の関数として求める．

$$S(U, x) = k_{\mathrm{B}} \log[\Omega(U, x)\Delta E] \tag{4.12}$$

となる．後は式 (4.5) によって T, x などを求めることができる．これが定石である．

例 理想気体

これについては Ω をすでに求めてある．同一種の分子は区別できないことを考慮に入れれば式 (2.37) となった．ゆえに式 (4.12) により，U, V, N 依存性に注目して，

$$S = Nk_{\mathrm{B}}\left(\frac{3}{2}\log\frac{U}{N} + \log\frac{V}{N}\right) + 定数 \tag{4.13}$$

と書くことができる．ゆえに式 (4.5) あるいは式 (4.11) により，

$$\frac{1}{T} = \frac{\partial S}{\partial U} = \frac{3}{2}\frac{N}{U}k_{\mathrm{B}} \quad \text{すなわち} \quad U = \frac{3}{2}Nk_{\mathrm{B}}T \tag{4.14}$$

$$\frac{P}{T} = \frac{\partial S}{\partial V} = \frac{N}{V}k_{\mathrm{B}} \quad \text{すなわち} \quad PV = Nk_{\mathrm{B}}T \tag{4.15}$$

これらは式 (3.9) および式 (3.8) と一致する状態方程式である．

逆に式 (4.14) と (4.15) の状態方程式がわかっているとして，これから出発してみよう．これを熱量 $d'Q$ の表式，

$$d'Q = dU + PdV \tag{4.16}$$

に代入すると，

$$d'Q = Nk_{\mathrm{B}}\left(\frac{3}{2}dT + \frac{T}{V}dV\right)$$

となる．この両辺を T で割算すると次のようになる．

$$\frac{d'Q}{T} = Nk_{\mathrm{B}}\,d\left(\frac{3}{2}\log T + \log V\right) \tag{4.17}$$

これが式 (4.4) によりエントロピー S の微分になる．ここで式 (4.14) により変数 T を U に変えると，

$$dS = Nk_B\, d\left(\frac{3}{2}\log\frac{U}{N} + \log V\right) \tag{4.18}$$

となる．これを積分することにより，エントロピーが得られる．

$$S = Nk_B\left(\frac{3}{2}\log\frac{U}{N} + \log V\right) + 定数 \tag{4.19}$$

この議論では，T(または U)，V 依存性に注目してエントロピーを求めたので，N 依存性を求めることはできない．(定数は N の任意の関数であってよい．)

注意 式 (4.13) で重要な点は，体積 V が V/N の形で入っていることである．式 (4.19) のままで定数を無視すると，矛盾が起ることがある．図 4.1 のⅠは体積 V の箱に 1 分子あたりのエネルギーが u である理想気体をつめてあるものとしよう．これは同一種の分子 N 個からなっている．図 4.1 Ⅱ はこれに隔壁を入れて箱を 2 分したものとしよう．分子は $N/2$ 個ずつ各箱に入っている．式 (4.19) に従ってⅠの状態とⅡの状態のエントロピーの差を計算すると，

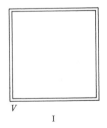
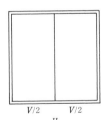

図 4.1 体積 V の箱に入った理想気体

$$S_{\mathrm{I}} - S_{\mathrm{II}} = Nk_B \log V - 2\left(\frac{Nk_B}{2}\log\frac{V}{2}\right) = Nk_B \log 2$$

となる．隔壁を入れるか入れないかでこのようにエントロピーに差が出るのは困る．式 (4.13) の形だとこの難点はない．

$$S_{\mathrm{I}} - S_{\mathrm{II}} = Nk_B \log\frac{V}{N} - 2\left(\frac{Nk_B}{2}\log\frac{V/2}{N/2}\right) = 0$$

4.1.2 2体系の熱平衡

2.2節で取り扱った問題にもう一度立ちもどってみよう.そこでは外部パラメーターを固定した系1と系2が,弱い相互作用によって結合されて全系を構成していた.全系は独立していて,そのエネルギー E は一定であるが,部分系の間では相互作用によりエネルギーのやり取りが可能であった.このとき等確率の原理によれば,エネルギー分配 $(E_1, E_2 = E - E_1)$ の確率は,

$$\Omega_1(E_1)\Omega_2(E - E_1)\Delta E \Delta E_1$$

に比例する.

いま系2が巨大であるとして,この表式の対数を,E_1 についてテーラー展開すると,その最低次で,

$$\Omega_1(E_1)\Omega_2(E - E_1)\Delta E \Delta E_1 \propto e^{[S_1(E_1) - E_1/T_R]/k_B}$$

と書くことができる (式 (2.59)).ここで,

$$S_1(E_1) = k_B \log [\Omega_1(E_1)\Delta E_1]$$

は部分系1のエントロピーであって,エネルギーが E_1 のときの値である.また $T_R \equiv T_2$ は,

$$\frac{1}{T_2} = \frac{\partial}{\partial E} k_B \log [\Omega_2(E)\Delta E] = \frac{\partial S_2}{\partial E}$$

であるが,これは全エネルギーが系2に行ったときの系2の温度の逆数になっている.

このようにエネルギー分配の相対確率は,

$$e^{[S_1(E_1) - E_1/T_R]/k_B}$$

で与えられるから,この指数が極大値をとるような分配 $(E_1{}^*, E - E_1{}^*)$ が確率最大ということができる.はじめ分配が $S_1 - E_1/T_R$ 最大に対応するものではなかったとすると,時間の経過とともに種々のエネルギー分配をとりながら,次第にいま述べた確率最大の分配に近づき,最終的にはそれが実現するであろう.一度この分配が実現されると,圧倒的な確率でこの分配に近い分配が常に実現されることになる.この分配のまわりに展開すると,次のようになる.

$$S_1(E_1) - \frac{E_1}{T_R} = S_1(E_1{}^*) - \frac{E_1{}^*}{T_R} + \left(\frac{\partial S_1}{\partial E_1}\bigg|_{E_1=E_1{}^*} - \frac{1}{T_R}\right)(E_1 - E_1{}^*)$$
$$+ \frac{1}{2}\frac{\partial^2 S_1}{\partial E_1{}^2}\bigg|_{E_1=E_1{}^*}(E_1 - E_1{}^*)^2 \cdots$$

$E_1{}^*$ は確率最大の分配であるから,1次の項が消える.

$$\frac{\partial S_1}{\partial E_1}\bigg|_{E_1=E_1{}^*} \equiv \frac{1}{T} = \frac{1}{T_R}$$

次に2次の項を調べると,表式,

$$\frac{\partial^2 S_1}{\partial E_1{}^2} = \frac{\partial}{\partial E_1}\frac{1}{T} = -\frac{1}{T^2}\frac{\partial T}{\partial E_1}$$

の値が負でなくてはならない.すなわち $T_1(E_1)$ が $E_1{}^*$ 近傍で単調増大でなくてはならない.さらにこのとき $\partial^2 S_1/\partial E_1{}^2$ は系1の大きさに逆比例 ($\propto N_1{}^{-1}$) している.したがって E_1 が $E_1{}^*$ から $\sqrt{N_1}$ 程度はずれるだけで,確率は何分の1かに減小する.上記の確率分布は,$E_1{}^*$ においてきわめて鋭い極大を形づくっている(図4.2).

この問題を今度は熱力学的に取り扱って論じてみよう.いま

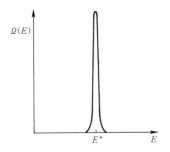

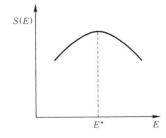

図4.2 体系が熱浴に接しているときのエントロピーと位相体積のエネルギー依存性.位相体積のピークは実際は図に描かれないほど鋭い.

外部パラメーターは固定されているものとし，この体系2から1へ熱量 Q が流れたとすると，これは体系1の内部エネルギーの増分 ΔU に等しい．

$$Q = \Delta U \tag{4.20}$$

一方第2法則によれば，

$$\Delta S \geqq \frac{Q}{T_R} \tag{4.21}$$

である．ただし体系2は十分大きいものとして，それを熱源と考え，その温度を T_R とした．式 (4.20) を式 (4.21) に代入すると，次のようになる．

$$\frac{-\Delta U}{T_R} + \Delta S \geqq 0 \quad \text{すなわち} \quad \frac{\Delta U}{T_R} - \Delta S \leqq 0 \tag{4.22}$$

これが実際現象が起るときに満足すべき不等式である．したがって，もしこの2体系の熱平衡が安定ならば，許される仮想変位[*] $\delta U, \delta S$ はすべて，

$$\frac{\delta U}{T_R} - \delta S > 0 \tag{4.23}$$

を満足していなければならない．これが安定の条件である．

式 (4.23) を吟味してみよう．それには δS を δU について展開する．

$$\delta S = \left(\frac{\partial S}{\partial U}\right)_x \delta U + \frac{1}{2}\left(\frac{\partial^2 S}{\partial U^2}\right)_x (\delta U)^2 + \cdots \tag{4.24}$$

式 (4.11) により $(\partial S/\partial U)_x = 1/T$ であるから式 (4.24) はまた，

$$\delta S = \frac{\delta U}{T} - \frac{1}{2}\left(\frac{\partial T}{\partial U}\right)_x \left(\frac{\delta U}{T}\right)^2 + \cdots \tag{4.25}$$

と書ける．この形を式 (4.23) に代入すると，次のようになる．

$$\left(\frac{1}{T_R} - \frac{1}{T}\right)\delta U + \frac{1}{2}\left(\frac{\partial T}{\partial U}\right)_x \left(\frac{\delta U}{T}\right)^2 + \cdots > 0 \tag{4.26}$$

ところで δU は $\pm$ ともに許されるから，第1項の係数はゼロでなくてはならない．

---

[*] 体系の状態に仮想的にある微小な変化を与えたとし，そのときに生ずる状態量の微小変化を仮想変位とよぶ．仮想変位は実際に起りうる変位とは限らない．

$$\frac{1}{T} = \frac{1}{T_R} \tag{4.27}$$

すなわち体系の温度は熱源の温度と一致しなければならない．そうすると 2 次の項から，$\partial T/\partial U \geqq 0$，すなわち，

$$\left(\frac{\partial U}{\partial T}\right)_x > 0 \tag{4.28}$$

が結論される．すなわち外部パラメーター一定のもとでの熱容量が正でなくてはならない[*)]．

この結論に対応する統計力学の結果は式 (2.48) に見ることができる．$N_2 \gg N_1$ であるから，分配 E_1^*, E_2^* が極大確率であるためには $S''/N_1 < 0$，これはすなわち式 (2.51) により，

$$\left(\frac{\partial}{\partial U_1}\frac{1}{T}\right)_x < 0$$

を意味し，式 (4.28) と一致する．

この議論をもう少し一般化して，均一流体の一部に着目し，その安定性を論じることができる．着目する部分を 1 とし，残部は巨大であり，熱源と考えることができるものとする．部分系 1 の分子数は N_1 で定まっているが，それが占める体積は変化しうる．そのため残部の系はまた仕事源の役目もするのである．熱仕事源の温度を T_R，圧力 P_R とすれば式 (4.21) のほかに，

$$W = -P_R \Delta V \tag{4.29}$$

が成立し，第 1 法則は式 (4.20) の代りに，

$$\Delta U = Q + W \tag{4.30}$$

と書かなければならない．したがって変化が起るとすれば，式 (4.29)，(4.30) を式 (4.21) に代入して得られる不等式，

[*)] 物体に熱量 $d'Q$ を与えたときの温度変化を dT とすれば，$C = d'Q/dT$ をその物体の熱容量という．熱容量は熱を与えるときの条件により異なる．$x=$ 一定のときは，仕事はゼロ（$d'W=0$）なので，式 (4.3) により加えた熱量は内部エネルギーの増加に等しい（$d'Q = dU$）．したがって，$x=$ 一定のときの熱容量を C_x と書くと，$C_x = (\partial U/\partial T)_x$．

$$\frac{\Delta U}{T_R} + \frac{P_R}{T_R}\Delta V - \Delta S \leq 0 \tag{4.31}$$

を満足しなければならない．安定条件は仮想変位 $\delta U, \delta V, \delta S$ に対し，

$$\frac{\delta U}{T_R} + \frac{P_R}{T_R}\delta V - \delta S > 0 \tag{4.32}$$

となる．ここで式 (4.24), (4.25) のように δS をテーラー展開して代入すると，

$$\left(\frac{1}{T_R} - \frac{\partial S}{\partial U}\right)\delta U + \left(\frac{P_R}{T_R} - \frac{\partial S}{\partial V}\right)\delta V - \frac{1}{2}\left[\frac{\partial^2 S}{\partial U^2}(\delta U)^2 \right.$$
$$\left. + 2\frac{\partial^2 S}{\partial V \partial U}\delta U \delta V + \frac{\partial^2 S}{\partial V^2}(\delta V)^2\right] + \cdots > 0 \tag{4.33}$$

を得る．前と同様に1次の項は，

$$\frac{1}{T_R} = \frac{\partial S}{\partial U} = \frac{1}{T}, \qquad \frac{P_R}{T_R} = \frac{\partial S}{\partial V} = \frac{P}{T} \tag{4.34}$$

すなわち体系の温度，圧力が熱仕事源のそれに等しくなくてはならない．2次の項に対する条件は，

$$\frac{\partial^2 S}{\partial U^2} < 0, \quad \left(\frac{\partial^2 S}{\partial V \partial U}\right)^2 < \frac{\partial^2 S}{\partial U^2}\frac{\partial^2 S}{\partial V^2} \tag{4.35}$$

であるが，これは定積比熱 C_V と等温圧縮率 κ_T,

$$C_V = \left(\frac{\partial U}{\partial T}\right)_V, \quad \kappa_T = -\frac{1}{V}\left(\frac{\partial V}{\partial P}\right)_T \tag{4.36}$$

について，

$$C_V > 0, \quad \kappa_T > 0 \tag{4.37}$$

を意味することが判明する（問題 5.1.2）．

これを統計力学的に定式化すると，次のようになる．全体積 V，全エネルギー E の体系の部分系が，体積 V_1 を占めエネルギー E_1 を配分される相対確率は，

$$\Omega_1(E_1, V_1)\Omega_2(E - E_1, V - V_1) \tag{4.38}$$

で与えられる．この第2因子を次のように展開する．

$$\log \Omega_2(E - E_1, V - V_1)$$
$$= \log \Omega_2(E, V) - \frac{E_1}{k_B T_R} - \frac{P_R V_1}{k_B T_R} + \cdots \tag{4.39}$$

ただし,
$$\frac{1}{T_R} = \frac{\partial}{\partial E} k_B \log \Omega_2(E, V)$$
$$\frac{P_R}{T_R} = \frac{\partial}{\partial V} k_B \log \Omega_2(E, V) \tag{4.40}$$

は熱仕事源の特性量である.ゆえに式(4.38)は,
$$e^{-(E_1+P_R V_1)/k_B T_R} \Omega_1(E_1, V_1) \tag{4.41}$$

に比例する.式(2.59)と同様にこれを,
$$e^{[S_1(E_1, V_1) - E_1/T_R - P_R V_1/T_R]/k_B} \tag{4.42}$$

の形に書くと,安定条件は,平衡配分が確率極大であること,すなわち,
$$\delta S_1 - \frac{\delta E_1}{T_R} - P_R \frac{\delta V_1}{T_R} < 0 \tag{4.43}$$

で与えられる.これは式(4.32)にほかならない.

安定平衡↔確率極大という対応が,同一の関数 $S_1 - E_1/T_R$ または $S_1 - E_1/T_R - P_R V_1/T_R$ が極大値をとるという規定を通じて成立していることがわかる.相違点として熱力学では配分が確定的であるのに対し,統計力学においては確率が問題であって,その極大でない配分も実現されることであろう.しかし $N \to \infty$ とともに相対的なずれがゼロに近づくという事情によって,両者は関係づけられている.

5 応用——その1

5.1 応用への準備

以上熱力学と統計力学の基本的な側面を概観した．しかし応用のためにはこれを種々の異った形に建て直しておいた方がよい．

これまでのところ基本的には孤立系を考えてきたわけで，体系は，エネルギーと外部パラメーターの値が固定された条件のもとで熱平衡状態に達する．いったんこの状態に達したならば，熱力学的には他の状態量はもとのエネルギーと外部パラメーターの関数として定まるのであるから，基本的な独立変数としては，変数の数さえもとの変数の数にあってさえいるならば，その場その場の便宜に応じて適当な組合せで考えればよい．

これまでの基本的な関係式は式 (4.5)，

$$\mathrm{d}S = \frac{1}{T}\mathrm{d}U - \frac{X}{T}\mathrm{d}x \quad \left[+\frac{P}{T}\mathrm{d}V \right] \tag{5.1}$$

であった．この第1法則と第2法則を，独立変数として S と x とに選んだ形，

$$\mathrm{d}U = T\mathrm{d}S + X\mathrm{d}x \quad [-P\mathrm{d}V] \tag{5.2}$$

に書いて出発しよう．したがって $U(S,x)$ が与えられれば，

$$T = \left(\frac{\partial U}{\partial S}\right)_x, \quad X = \left(\frac{\partial U}{\partial x}\right)_S \quad \left[P = -\left(\frac{\partial U}{\partial V}\right)_S\right] \quad (5.3)$$

という微分操作によって，温度と力が求まる．またこの関数 U が素直な関数ならば，

$$\frac{\partial^2 U}{\partial x \partial S} = \frac{\partial^2 U}{\partial S \partial x}$$

が成立するはずだから，

$$\left(\frac{\partial T}{\partial x}\right)_S = \left(\frac{\partial X}{\partial S}\right)_x \quad \left[\left(\frac{\partial T}{\partial V}\right)_S = -\left(\frac{\partial P}{\partial S}\right)_V\right] \quad (5.4)$$

という関係が得られる．これは**マクスウェルの関係式**とよばれる．同様な事情のもとで同じ論理で導かれる関係式も，一般にこうよぶ．

では独立変数を x と T にするにはどうしたらよいか．それには，

$$F \equiv U - TS \quad (5.5)$$

で定義される関数を考える．その微分,

$$\mathrm{d}F = \mathrm{d}U - T\mathrm{d}S - S\mathrm{d}T$$

に式 (5.2) を代入すると，

$$\mathrm{d}F = -S\mathrm{d}T + X\mathrm{d}x \quad [\mathrm{d}F = -S\mathrm{d}T - P\mathrm{d}V] \quad (5.6)$$

が得られるからである．これは F が独立変数を T と x に選んだとき，第1と第2法則を表現するのに適した関数であることを示している．式 (5.5) のような変換を一般に**ルジャンドル変換**とよぶ．式 (5.3) と同様，

$$S = -\left(\frac{\partial F}{\partial T}\right)_x, \quad X = \left(\frac{\partial F}{\partial x}\right)_T \quad \left[P = -\left(\frac{\partial F}{\partial V}\right)_T\right] \quad (5.7)$$

が得られ，マクスウェルの関係式としては，

$$\left(\frac{\partial S}{\partial x}\right)_T = -\left(\frac{\partial X}{\partial T}\right)_x \quad \left[\left(\frac{\partial S}{\partial V}\right)_T = \left(\frac{\partial P}{\partial T}\right)_V\right] \quad (5.8)$$

が成り立つ．F を**ヘルムホルツの自由エネルギー**という．

重要な関係として次のことに触れておこう．式 (5.7) の第1式を式 (5.5) に代入すれば，

$$U = F + TS = F - T\left(\frac{\partial F}{\partial T}\right)_x$$

$$= -T^2\left(\frac{\partial}{\partial T}\frac{F}{T}\right)_x = \left[\frac{\partial}{\partial(1/T)}\frac{F}{T}\right]_x = \left(\frac{\partial}{\partial \beta}\beta F\right)_x \tag{5.9}$$

を得る．ここで，最後から2番目の表式から見て，温度の逆数が便利な変数であることが想像できるので，新しく変数

$$\beta \equiv \frac{1}{k_B T}$$

を導入した．ボルツマン定数 k_B をつけたのは，以下で示す統計力学の式を簡単にするためである．$F(\beta, x)$ を求めることができれば，これによって内部エネルギーを算出できるわけである．

温度と外部パラメーターが体系の状態を整える条件として与えられるのは，体系が熱源に接している場合であった．そのときの確率分布は式 (2.56) で与えられる．この式に出てくる温度は熱源の温度 T_R であるが，熱平衡状態では，もちろん，これと着目している体系の温度とが等しいので，添字を落としてよい．そこで，エネルギーが E と $E+dE$ の間の値をとる相対確率は，

$$e^{-\beta E}\Omega(E)dE \tag{5.10}$$

で与えられる．これを絶対確率に規格化するには，

$$Z(\beta, x) \equiv \int e^{-\beta E}\Omega(E)dE \tag{5.11}$$

で割算しておけばよい．いま体系を整えた条件，すなわち T と x とが与えられた条件のもとでは，エネルギー E がこうして種々の値を確率的にとる．しかしこれが巨視的な体系ならば，その内部エネルギーは定まった値になるものと考えてきた．上述の確率分布がこの条件に対応するものならば，この内部エネルギーは，エネルギー E の平均値に対応するであろう．ゆえに，

$$U(T, x) = \frac{1}{Z}\int E e^{-\beta E}\Omega(E, x)dE \tag{5.12}$$

となる．ただし巨視的な運動はないものと考えている．式 (5.

12) の右辺で逆温度 β が指数関数の肩にだけあることに着目すれば，これは式 (5.11) の $Z(\beta, x)$ を用いて，次のように書ける．

$$U = -\frac{\partial}{\partial \beta} \log Z(\beta, x) \tag{5.13}$$

これと式 (5.9) を比較すると一般に，

$$F = -k_B T \log Z(T, x) \tag{5.14}$$

が成立することが判明する．

式 (5.14) が正しいことを端的に見るには次のように考えればよい．エントロピーの式 (2.38) を式 (5.11) に代入すると，

$$\begin{aligned} Z(\beta, x) &= \sum e^{-\beta E} \Omega(E, x) \Delta E \\ &= \sum e^{-\beta E + S(E, x)/k_B} \end{aligned} \tag{5.15}$$

となる．この $\sum$ はエネルギーを幅 ΔE の帯に区切り，その各帯における被積分関数の値を加算するという意味である．S も E も粒子数あるいは微視的な自由度の数に比例する．E の増大とともに因子 $e^{-\beta E}$ は急激に小さくなる．他方 $e^{S(E)/k_B}$ は式 (2.48) について述べたように，E の増大とともに急激に大きくなる．したがってこの 2 因子の積はある E の値 E^* のところで鋭く大きな値をとる．他の帯からの寄与は無視してしまうと，

$$Z(T, x) \simeq C e^{[S(E^*) - E^*/T]/k_B} \tag{5.16}$$

と書ける．ピーク値の近傍の帯の数を C とした．これから，

$$\frac{E^* - TS(E^*)}{k_B T} \simeq -\log Z(T, x) \tag{5.17}$$

が得られる．ただし $\log C$ はせいぜい $\log N$ の程度だと考えて無視した．こうしてピークが十分鋭ければ，E^* はまた E の平均値 $U(=\langle E \rangle)$ にも等しいであろうから，式 (5.14) が正当化されたことになる．

しかしながら，このギブズの分布ではエネルギーが種々の値をとる．それではその 2 乗偏差はいくらか．1.4 節と同様にして，

$$\langle(E-\langle E\rangle)^2\rangle = \langle E^2\rangle - \langle E\rangle^2 \tag{5.18}$$

を求める．式 (5.12) と同様にして，

$$\langle E^2\rangle = \frac{1}{Z}\int E^2 e^{-\beta E}\Omega(E)\,\mathrm{d}E = \frac{1}{Z}\frac{\partial^2}{\partial\beta^2}\int e^{-\beta E}\Omega(E)\,\mathrm{d}E$$
$$= \frac{1}{Z}\frac{\partial^2}{\partial\beta^2}Z \tag{5.19}$$

となり，したがって，

$$\langle(E-\langle E\rangle)^2\rangle = \frac{1}{Z}\frac{\partial^2 Z}{\partial\beta^2} - \left(\frac{1}{Z}\frac{\partial Z}{\partial\beta}\right)^2 = \frac{\partial^2}{\partial\beta^2}\log Z \tag{5.20}$$

となる．式 (5.13) を使えばこの右辺を熱力学的な量で表すことができる．

$$\langle(E-\langle E\rangle)^2\rangle = -\frac{\partial}{\partial\beta}U = k_\mathrm{B}T^2\left(\frac{\partial U}{\partial T}\right)_x = k_\mathrm{B}T^2 C_x \tag{5.21}$$

この外部パラメーターを一定にした熱容量 C_x (92 ページ脚注) は N に比例する．ゆえに E の確率分布 (x 一定) のピーク値に対する相対的な偏差 $\sqrt{\langle(E-\langle E\rangle)^2\rangle}/\langle E\rangle$ は，やはり 1.4 節と同様に $1/\sqrt{N}$ に比例して小さくなる．したがって巨視系では"確定値" $U(=\langle E\rangle)$ をもつと考えることもできるのである．

式 (5.10) は，2.2 節で述べたように，

$$e^{-\beta\mathscr{H}(q,p;x)}\frac{\mathrm{d}\varGamma}{h^f} \tag{5.22}$$

と書くことができる．ただし $\mathrm{d}\varGamma\equiv\mathrm{d}q_1\cdots\mathrm{d}q_f\mathrm{d}p_1\cdots p_f$ は系の位相空間の体積要素である．これを**ギブスのカノニカル分布**とよぶ．前述のようにこれは温度 $T\equiv 1/k_\mathrm{B}\beta$ の熱源に不動の境で接して熱平衡にある巨視系の確率分布関数である．そして，

$$Z(T,x) = \int e^{-\beta\mathscr{H}}\frac{\mathrm{d}\varGamma}{h^f} \tag{5.23}$$

は**状態和**（ドイツ語の Zustandssumme），または**分配関数** (partition function) とよばれる．

以上の議論は，量子力学の基礎に立っても平行に展開できる．$\Omega(E)\Delta E\to W(E,\Delta E;x)$ のおき換えをすれば，式 (5.11) は，

$$Z(T,x) = \sum e^{-\beta E}W(E,\Delta E;x) \tag{5.24}$$

ただし $\sum$ は式 (5.15) と同様に理解しておく．また式 (2.92) により，

$$S(E, x) = k_B \log W(E, \Delta E; x) \tag{5.25}$$

としてエントロピーをもち込めば議論はまったく同様に行える．ゆらぎの2乗偏差に関する式もそのまま成立する．(5.22) に対応するのは1個の量子状態 a に関し，

$$e^{-\beta E_a} \tag{5.26}$$

が相対確率を与える．そして状態和は，

$$Z(T, x) = \sum_a e^{-\beta E_a} \tag{5.27}$$

と書かれ，正に量子状態についての和にほかならない．

問題

5.1.1 次の関係を証明せよ．理想気体の場合，これらの関係はどうなるか．

(a) $\left(\dfrac{\partial U}{\partial V}\right)_T = T\left(\dfrac{\partial P}{\partial T}\right)_V - P$

(b) $C_P - C_V = T\left(\dfrac{\partial V}{\partial T}\right)_P \left(\dfrac{\partial P}{\partial T}\right)_V$

ただし，C_V は定積比熱，C_P は定圧比熱である．

5.1.2 定積比熱 C_V，等温圧縮率 κ_T についての式 (4.37) の関係を式 (4.35) から証明せよ．

5.1.3 気体の状態方程式は $1/V$ についての展開の形，

$$\frac{PV}{RT} = 1 + \frac{B}{V} + \frac{C}{V^2} + \cdots .$$

で表すことができる．$B, C, \cdots$ は温度のみの関数である（これをビリアル展開という）．内部エネルギー，エントロピーを (T, V) の関数として求める公式を導け．ただし，単原子分子気体とする．

5.1.4 ファン・デル・ワールスの状態方程式，

$$P = \frac{RT}{V-b} - \frac{a}{V^2}$$

(a, b は物質定数)は簡単であるが,実在の気体の性質をよく表している.このような気体について,

(1) 膨張率 $\alpha = (1/V)(\partial V/\partial T)_P$ を求めよ.
(2) $(\partial U/\partial V)_T$ を求めよ.
(3) 定積比熱 C_V が温度のみの関数であることを示せ.
(4) $C_P - C_V$ を求めよ.

5.1.5 質量 m の粒子 N 個からなる理想気体が,一様な重力場中に鉛直にたてた断面積 A の無限に長い筒状の容器に入れられ,熱平衡状態にある.分配関数,ヘルムホルツの自由エネルギー,内部エネルギー,熱容量を求めよ.

5.1.6 エネルギーが $-\varepsilon$ と ε の2つの量子状態のみをとる粒子 N 個の系について,自由エネルギー,エントロピー,内部エネルギー,熱容量を温度の関数として求めよ.また比熱の温度依存性を図に示せ.

5.2 エネルギー等分配 I

古典力学に基づいた統計力学(これを古典統計力学とよぶ)の特徴的結論の1つに**エネルギー等分配の法則**がある.これを中心のテーマとして応用の一歩を踏み出そう.

まずハミルトニアン $\mathcal{H}$ が運動量 p_i だけを含む部分 K(それを運動エネルギー部分とよぼう)と,座標 q_i だけを含む部分 Φ(ポテンシャルエネルギー部分)に分れているものとする.

$$\mathcal{H} = K + \Phi \tag{5.28}$$

これはもちろん座標の選び方に依存するが,とにかくこのように運動量を選べる場合を考えよう.そうすると,位相空間の体積要素 $d\Gamma/h^f$ が,

$$\frac{\mathrm{d}\Gamma}{h^f} = \frac{\mathrm{d}q_1\cdots\mathrm{d}q_f\mathrm{d}p_1\cdots\mathrm{d}p_f}{h_f} \tag{5.29}$$

のように積になっているから，その相対確率 (5.22) も，

$$e^{-\beta K}\frac{\mathrm{d}p_1\cdots\mathrm{d}p_f}{h_f}\cdot e^{-\beta\Phi}\mathrm{d}q_1\cdots\mathrm{d}q_f \tag{5.30}$$

のように運動量部分と座標部分との積になる．したがって，このことから，われわれは運動量だけの確率あるいは座標だけの確率を，切り離して議論できることがわかる．すなわち，運動量については，

$$e^{-\beta K}\frac{\mathrm{d}p_1\cdots\mathrm{d}p_f}{h_f} \tag{5.31}$$

また，座標については，

$$e^{-\beta\Phi}\mathrm{d}q_1\cdots\mathrm{d}q_f \tag{5.32}$$

について議論すればよい．ただし因子 h^f は便宜上運動量部分につけておいた．

さて運動エネルギー K は，多くの場合，運動量 p_i の 2 乗の項の和という形になっている．

$$K = \sum_{i=1}^{f}\frac{p_i^2}{2m_i} \tag{5.33}$$

この場合，式 (5.31) は各自由度に関する確率の積，

$$\prod_{i=1}^{f}\left[\exp\left(-\frac{p_i^2}{2m_ik_\mathrm{B}T}\right)\frac{\mathrm{d}p_i}{h}\right] \tag{5.34}$$

の形になる（そのためには K が各自由度に関する項の和の形になっていさえすればよい）．したがって各自由度は独立事象として扱え，例えば自由度 i についての確率分布，

$$\exp\left(-\frac{p_i^2}{2m_ik_\mathrm{B}T}\right)\frac{\mathrm{d}p_i}{h} \tag{5.35}$$

を他の自由度から切り離して議論することができる．これを**マクスウェルの分布**という．

この式 (5.35) で，変数 p_i を，ディメンションのない変数，

$$\xi_i \equiv \frac{p_i}{\sqrt{m_ik_\mathrm{B}T}} \tag{5.36}$$

に書き換えると，

$$\frac{\sqrt{2\pi m_i k_{\mathrm{B}} T}}{h} \exp\left(-\frac{\xi_i^2}{2}\right) \frac{\mathrm{d}\xi_i}{\sqrt{2\pi}} \tag{5.37}$$

となる. ξ_i に関する分布は偏差が1のガウス分布の標準形である. したがって $|p_i|$ の大きさは種々の値を確率的にとるが, だいたい $\sqrt{m_i k_{\mathrm{B}} T}$ の程度と考えてよいことになる. 式 (5.37) の前の因子は, 係数は別として, この熱運動に伴う運動量と量子論的に結びついた波長 λ_i の逆数である.

$$\lambda_i \equiv \frac{h}{\sqrt{2\pi m_i k_{\mathrm{B}} T}} \tag{5.38}$$

をド・ブローイ (de Broglie) (熱) 波長とよぶことにしよう. そのディメンションは対応する座標のものと同じである. また自由度により m_i が違えば, もちろん λ_i も互いに相異なる. あとで見るように (6.1 節参照), この波長が小さく見えるスケールならば量子論的な効果は無視できるわけである. しかし例えば原子間の平均距離が λ の程度より小さくなる, つまり密度が十分大きくなってくると, 量子力学に基づいた統計力学で取り扱わなければならない. このような気体を**量子気体** (6.3 節参照) とよぶ.

さて, $|p_i|$ が $\sqrt{m_i k_{\mathrm{B}} T}$ の程度ならば, 運動エネルギーは, $p_i^2/2m_i \simeq k_{\mathrm{B}} T/2$ となり, どの自由度に関しても同一の値になる. このことは, 式 (5.35) を用いて正直な計算を行えば, 確かめることができる.

$$\left\langle \frac{p_i^2}{2m_i} \right\rangle = \frac{\int_{-\infty}^{\infty} (p_i^2/2m_i) \exp(-p_i^2/2m_i k_{\mathrm{B}} T) \cdot \mathrm{d}p_i/h}{\int_{-\infty}^{\infty} \exp(-p_i^2/2m_i k_{\mathrm{B}} T) \cdot \mathrm{d}p_i/h}$$

ここで変数変換 (5.36) を行うと, これは,

$$\frac{(k_{\mathrm{B}} T/2) \int_{-\infty}^{\infty} x^2 \exp(-x^2/2) \, dx}{\int_{-\infty}^{\infty} \exp(-x^2/2) \, \mathrm{d}x}$$

となる. 分子の積分の値は分母のそれに等しいから,

$$\left\langle \frac{p_i^2}{2m_i} \right\rangle = \frac{k_{\mathrm{B}} T}{2} \tag{5.39}$$

となり，この関係は，どの自由度の運動エネルギーについても，式 (5.33) が成り立つ限り成立する．すなわち，各自由度により式 (5.33) の和 K に現われる係数 m_i が一般には異っているが，平均値は共通であって，$k_B T/2$ に等しい．つまり各自由度に分配されている運動エネルギーの値は常にゆらいでいるが，熱平衡状態ではその分配分が各自由度で互いに等しく $k_B T/2$ である．これはエネルギー等分配の法則 (law of equi-partition) の 1 例である．

この法則は，ポテンシャルエネルギー（あるいはその 1 部）が，

$$\Phi = \sum_{i=1}^{f'} \frac{1}{2} k_i q_i^2 + \Phi'(q_{f'+1}, \cdots, q_f) \tag{5.40}$$

の形になっている場合にも成り立つ．このとき，式 (5.32) は更に因数分解し，

$$e^{-\beta \Phi'} dq_{f'+1} \cdots dq_f \prod_{j=1}^{f'} e^{-k_j q_j^2 / 2k_B T} dq_j$$

となる．q_j の変域が $-\infty < q_j < +\infty$ であることを考慮すると，これは変数 p_j に対するマクスウェルの分布に平行な数学に従う（ただし $k_j \to 1/m_j, q_j \to p_j$）．特に，

$$\left\langle \frac{1}{2} k_j q_j^2 \right\rangle = \frac{k_B T}{2} \tag{5.41}$$

である．すなわち，温度 T の熱平衡状態では，2 次形式のポテンシャルエネルギー項に平均 $k_B T/2$ だけのエネルギーが蓄えられる．

座標が正の係数をもつ 2 次形式でハミルトニアンに含まれていれば，その自由度は単振動になり，長時間にわたって平均をとれば，ポテンシャルエネルギーは運動エネルギーに等しい．運動エネルギーの平均が $k_B T/2$ であるから，ポテンシャルエネルギーも平均 $k_B T/2$ である．

統計力学でよく使われる進め方に従って状態和を計算してみよう．式 (5.30)〜(5.32) により，これは運動量空間の分配関数 Z_K と座標空間の分配関数 Z_Φ の積になる．

$$Z = Z_K Z_\Phi \tag{5.42}$$

ただし,

$$\begin{aligned}
Z_K &\equiv \int e^{-\beta K} \frac{\mathrm{d}p_1 \cdots \mathrm{d}p_f}{h^f} \\
Z_\Phi &\equiv A \int e^{-\beta \Phi} \mathrm{d}q_1 \cdots \mathrm{d}q_f
\end{aligned} \tag{5.43}$$

ここで A は粒子が同一種であるとき,そのことを考慮に入れると現れる因子である.例えば N 個の粒子が同一種ならば,

$$A = (N!)^{-1} \tag{5.44}$$

ととる.

この因数分解により式 (5.14) に従って,自由エネルギーはその対応した部分の和になる.

$$F = F_K + F_\Phi \tag{5.45}$$
$$F_K = -k_\mathrm{B} T \log Z_K \tag{5.46}$$
$$F_\Phi = -k_\mathrm{B} T \log Z_\Phi \tag{5.47}$$

また式 (5.9) によれば,内部エネルギーも U_K と U_Φ の和になる.これはもともと式 (5.28) と $U = \langle \mathcal{H} \rangle$ とから明らかであったことがらである.

さて運動エネルギー K は,運動量 p_i の 2 乗の和の形 (5.33) になっている.この場合,運動量については状態和の積分が実行できて,

$$\begin{aligned}
Z_K &= \prod_{i=1}^{f} \int_{-\infty}^{\infty} e^{-p_i{}^2/2m_i k_\mathrm{B} T} \mathrm{d}p_i / h \\
&= \prod_{i=1}^{f} \frac{(2\pi m_i k_\mathrm{B} T)^{1/2}}{h} = \prod_{i=1}^{f} \frac{(2\pi m_i/\beta)^{1/2}}{h}
\end{aligned} \tag{5.48}$$

すなわち,熱運動に対応するド・ブローイ波長 (5.38) を用いると,

$$Z_K = \prod_{i=1}^{f} \frac{1}{\lambda_i} \tag{5.49}$$

と書ける.Z_Φ のディメンションは座標空間のそれになっているから,式 (5.42) の Z がもつ意味は,それぞれの自由度の座標の有効な大きさを,対応するド・ブローイ(熱)波長を単位

にして測っていることになる．

さて式 (5.48) を使って式 (5.13) から U_K を求めると，

$$U_K = f\frac{k_B T}{2} \tag{5.50}$$

となる．各自由度の運動エネルギーは $k_B T/2$ である．

注意 エネルギー等分配の法則を含む1つの定理について触れておこう．座標と運動量 $q_1, \cdots, q_f, p_1, \cdots, p_f$ の代りに $x_i (i=1, 2, \cdots, 2f)$ と書くこととし，$x_i \to \pm\infty$ のとき体系のハミルトニアン $\mathcal{H}$ は正の無限大になるものと仮定しよう．上述の $p_i^2/2m_i$ とか $k_i q_i^2/2$ とかはこの条件を満足している．このとき，

$$\left\langle x_i \frac{\partial \mathcal{H}}{\partial x_j} \right\rangle = k_B T \delta_{ij} \tag{5.51}$$

が成立する．まずこの関係を証明しよう．

位相空間の体積を $d\Gamma = dx_j d\Gamma'$ と書くと，

$$\left\langle x_i \frac{\partial \mathcal{H}}{\partial x_j} \right\rangle = \frac{1}{Z} \int x_i \frac{\partial \mathcal{H}}{\partial x_j} e^{-\beta\mathcal{H}} dx_j d\Gamma'$$

$$= -\frac{k_B T}{Z} \int x_i \frac{\partial}{\partial x_j} e^{-\beta\mathcal{H}} dx_j d\Gamma'$$

となる．x_j について部分積分し，$x_j \to \pm\infty$ のとき $\mathcal{H} \to \infty$ という条件を利用すると，

$$-\frac{k_B T}{Z} \int d\Gamma' \left[x_i e^{-\beta\mathcal{H}} \right]_{x_j \to -\infty}^{x_j \to \infty} + \frac{k_B T}{Z} \int d\Gamma' dx_j \frac{\partial x_i}{\partial x_j} e^{-\beta\mathcal{H}}$$

のうち第1項が落ちる．$\partial x_i/\partial x_j = \delta_{ij}$ および状態和 Z の定義を用いると，式 (5.51) が得られる．

次にこの定理の応用を試みよう．まず $\mathcal{H}$ の中に q_i が $k_i q_i^2/2$ の形でしか含まれていない場合，この定理により，

$$\left\langle q_i \frac{\partial \mathcal{H}}{\partial q_i} \right\rangle = \langle k_i q_i^2 \rangle = k_B T$$

となる．したがってエネルギー等分配の法則，

$$\left\langle \frac{k_i q_i^2}{2} \right\rangle = \frac{k_B T}{2}$$

が得られる．それでは $\mathcal{H}$ の中に q_i が $l_i q_i^4/4!$ の形でだけ含まれているとするとどうなるか．定理 (5.51) により，

$$\langle q_i \frac{\partial \mathcal{H}}{\partial q_i}\rangle = \langle \frac{l_i q_i{}^4}{3!}\rangle = k_B T$$

ゆえに，次式が導かれる．

$$\langle \frac{l_i q_i{}^4}{4!}\rangle = \frac{k_B T}{4}$$

この関係は q_i を式 (5.36) にならって，ディメンションのない変数に変換することによって，そのポイントを知ることができる．

$$e^{-l_i q_i{}^4/(4!k_B T)} dq_i$$

の形を見て，

$$\xi_i{}^4 = \frac{l_i}{4!k_B T} q_i{}^4, \qquad q_i \equiv \sqrt[4]{\frac{4!k_B T}{l_i}} \xi_i$$

に従ってディメンションのない変数 ξ_i を導入すると，

$$\sqrt[4]{\frac{4!k_B T}{l_i}} e^{-\xi_i{}^4} d\xi_i$$

したがって正確な数値を問題にしなければ，q_i のおおよその大きさは，

$$q_i \sim \sqrt[4]{\frac{k_B T}{l_i}}$$

であるから，

$$\langle \frac{l_i}{4!} q_i{}^4 \rangle \sim k_B T$$

となる．すなわち各自由度にほぼ $k_B T$ の熱エネルギーが配分される．

5.3 エネルギー等分配 II

ここでエネルギー等分配の法則が成立しているか，観測事実と照合してみよう．

5.3.1 単原子分子理想気体

理想気体だからハミルトニアン $\mathcal{H}$ は1個の分子のハミルトニ

アン $\mathcal{H}_1$ の和になっている．しかも今の場合分子は1個の原子から構成されているので，$\mathcal{H}_1$ は，

$$\mathcal{H}_1 = \frac{1}{2m}(p_x{}^2+p_y{}^2+p_z{}^2) \tag{5.52}$$

で与えられる．これはちょうど式 (5.33) の形をしていて，分子1個あたり3個の自由度がある．この気体が N 個の分子からできていれば，

$$U = N\times 3\times \frac{k_\mathrm{B}T}{2} = \frac{3}{2}Nk_\mathrm{B}T \tag{5.53}$$

となるが，これは4.1節の例で得た結果（式 (4.14)）と一致する．

ここで公式的なやり方に従って，状態和を計算してみよう．この場合，式 (5.52) の $\mathcal{H}_1$ には，実は $\varphi(x,y,z)$ というポテンシャルエネルギーがつけ加わっていることを考慮しなければならない．この φ は気体分子を箱の中に閉じ込めておくだけの働きをする．したがってこの φ は箱の中で 0，箱の外で ∞ となるものである．状態和は式 (5.42) のように因数分解される．Z_K は式 (5.48) すなわち，

$$Z_K = \left[\left(\frac{2\pi m k_\mathrm{B}T}{h^2}\right)^{3/2}\right]^N \tag{5.54}$$

で与えられ，式 (5.43) の Z_Φ は，

$$Z_\Phi = A\prod_{i=1}^{N}\iiint e^{-\beta\varphi(x_i,y_i,z_i)}\mathrm{d}x_i\mathrm{d}y_i\mathrm{d}z_i \tag{5.55}$$

となる．$\varphi(x,y,z)$ の上記のような値を考慮すると，$e^{-\beta\varphi}$ は (x_i,y_i,z_i) が箱の中のとき 1，外では 0 になるから，積分は，

$$\iiint e^{-\beta\varphi}\mathrm{d}x\mathrm{d}y\mathrm{d}z = V$$

となって，ちょうど箱の体積を与える．ゆえに，

$$Z_\Phi = \frac{V^N}{N!} \tag{5.56}$$

ただし分子はすべて同一種だとして，$A=(N!)^{-1}$ を用いた．自由エネルギーは式 (5.45)〜(5.48) により，

$$F = -Nk_\mathrm{B} T \log\left[\left(\frac{2\pi m k_\mathrm{B} T}{h^2}\right)^{3/2} \frac{Ve}{N}\right] \tag{5.57}$$

ここで $\log N!$ として少し精密な値 $N\log(N/e)$ を用いた．これから，例えばエントロピー S は式 (5.7) により，次のように与えられる．

$$S = -\left(\frac{\partial F}{\partial T}\right)_V = Nk_\mathrm{B}\left[\log\left(T^{3/2}\frac{V}{N}\right) + \frac{3}{2}\log\frac{2\pi m k_\mathrm{B}}{h^2} + \frac{5}{2}\right] \tag{5.58}$$

また内部エネルギー U は式 (5.5) により，

$$U \equiv F + TS = \frac{3}{2}Nk_\mathrm{B} T$$

となって，式 (5.53) と一致する．

5.3.2 2原子分子理想気体

この場合1分子のハミルトニアン $\mathcal{H}_1$ は次の形である．

$$\mathcal{H}_1 = \frac{\boldsymbol{p}_1^{\,2}}{2m_1} + \frac{\boldsymbol{p}_2^{\,2}}{2m_2} + \varphi(|\boldsymbol{r}_1 - \boldsymbol{r}_2|) \tag{5.59}$$

5.3.1項と同様 $\boldsymbol{p}_i$ はそれぞれ自由度3個に対応しているから，等分配の法則により，U_K は次のように書ける．

$$U_K = N\left[\left(3\times\frac{k_\mathrm{B} T}{2}\right)\times 2\right] = 3Nk_\mathrm{B} T$$

U_φ については次のように考えてみよう．2原子を結びつけているポテンシャルエネルギー $\varphi(r)$ は，原子間の距離 r が大きいところでは引力になっているはずである．すなわち r の小さい方に向かって $\varphi(r)$ の値が小さくなっている．また，分子が有限の大きさで構成されているためには，r が小さいところで斥力になっていなくてはならない．すなわちそこでは，r の大きい方に向かって $\varphi(r)$ の値が小さくなっているはずである．したがって $\varphi(r)$ は $r=a$（a は分子が静止した場合の原子間距離）で谷底になった，図5.1のような形をもっている．そこで $\varphi(r)$ をこの $r=a$ のまわりに展開すれば，

$$\varphi(r) = \varphi(a) + \frac{1}{2}\varphi''(a)(r-a)^2 + \cdots \tag{5.60}$$

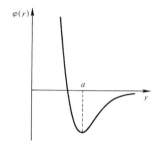

図 5.1 原子間力のポテンシャル

となる．$(r-a)$ について 1 次の項は $\varphi'(a)=0$（谷底！）であるため存在しない．$q \equiv r-a$ を座標の 1 つに選ぶことができるから，式 (5.60) に対して，等分配の法則を適用できるはずである．こうして，

$$U_\Phi = N\left(\frac{k_B T}{2}\right) = \frac{1}{2} N k_B T \tag{5.61}$$

となり，ゆえに，エネルギーは次のようになる．

$$U = U_K + U_\Phi = \frac{7}{2} N k_B T \tag{5.62}$$

それでは状態和を求めてみよう．やはり座標と運動量は直交座標の成分で考えることにする．そうすると運動量空間の状態和は $\boldsymbol{p}_1$ と $\boldsymbol{p}_2$ の積分をそれぞれ独立に計算できて，式 (5.54) と平行に，

$$Z_K = \left[\left(\frac{2\pi m_1 k_B T}{h^2}\right)^{3/2}\left(\frac{2\pi m_2 k_B T}{h^2}\right)^{3/2}\right]^N \tag{5.63}$$

を得る．次に，

$$Z_\Phi = A\left[\iint e^{-\beta\varphi(|\boldsymbol{r}_1 - \boldsymbol{r}_2|)} \mathrm{d}^3\boldsymbol{r}_1 \mathrm{d}^3\boldsymbol{r}_2\right]^N \tag{5.64}$$

を計算しよう．ここで，$\mathrm{d}x_i \mathrm{d}y_i \mathrm{d}z_i \equiv \mathrm{d}^3 \boldsymbol{r}_i$ と表した（以下でも同様の表記を用いる）．また，5.3.1 項で述べた箱のポテンシャルエネルギーは，積分を実行するとき分子が常に箱の中にあるよう適当に配慮するものとして，あらわには書かないことにした．式 (5.64) の [ ] 内の積分を行うため変数を重心座標 $\boldsymbol{R}$ と相対座標 $\boldsymbol{r}$ とに変えよう．

$$\boldsymbol{r} = \boldsymbol{r}_1 - \boldsymbol{r}_2, \qquad \boldsymbol{R} = \frac{m_1\boldsymbol{r}_1 + m_2\boldsymbol{r}_2}{m_1 + m_2} \tag{5.65}$$

そうすると，

$$\mathrm{d}^3\boldsymbol{r}_1\mathrm{d}^3\boldsymbol{r}_2 = \mathrm{d}^3\boldsymbol{R}\,\mathrm{d}^3\boldsymbol{r}$$

であるから，

$$\iint e^{-\beta\varphi}\mathrm{d}^3\boldsymbol{r}_1\mathrm{d}^3\boldsymbol{r}_2 = \int\mathrm{d}^3\boldsymbol{R}\int\mathrm{d}^3\boldsymbol{r}\,e^{-\beta\varphi(r)} \tag{5.66}$$

となる．分子の大きさ a を箱の大きさに対して無視することにすれば，$\mathrm{d}^3\boldsymbol{R}$ について独立に積分できて，結果は箱の体積 V となる．$\boldsymbol{r}$ についての積分は，極座標 (r, θ, ϕ) に変換して ($r \equiv |\boldsymbol{r}|$ に注意)，

$$\int\mathrm{d}^3\boldsymbol{r}\,e^{-\beta\varphi(r)} = \iiint e^{-\beta\varphi(r)}r^2\mathrm{d}r\,\sin\theta\,\mathrm{d}\theta\,\mathrm{d}\phi$$
$$= 4\pi\int e^{-\beta\varphi(r)}r^2\mathrm{d}r \tag{5.67}$$

となる．そこで r が a のまわりに小振動しているものとすれば，被積分関数のうち指数の $\varphi(r)$ を式 (5.60) で，また r^2 を a^2 でおき換えることができる．そうすると積分は，

$$4\pi a^2 e^{-\beta\varphi(a)}\int_{-\infty}^{\infty}e^{-(\beta/2)\varphi''(a)q^2}\mathrm{d}q \tag{5.68}$$

に帰着する．ただし $r - a \equiv q$ とした．q についての積分範囲は正しくは $-a$ から ∞ であるが，$q = -a$ ではすでに被積分関数が十分小さくて，積分を $-\infty$ まで延ばしても大差ないものと考えた．積分はガウス積分であるから，

$$\int\mathrm{d}^3\boldsymbol{r}\,e^{-\beta\varphi(r)} = 4\pi a^2 e^{-\beta\varphi(a)}\sqrt{\frac{2\pi k_\mathrm{B}T}{\varphi''(a)}} \tag{5.69}$$

であり，ゆえに，

$$Z_\varPhi = \frac{1}{N!}\left[V\,4\pi a^2 e^{-\varphi(a)/k_\mathrm{B}T}\sqrt{\frac{2\pi k_\mathrm{B}T}{\varphi''(a)}}\right]^N \tag{5.70}$$

となる．ただし $A = (N!)^{-1}$ ととった．したがって自由エネルギーは，式 (5.45)〜(5.48) により，

$$F = -Nk_\mathrm{B}T\frac{3}{2}\left[\log\frac{2\pi m_1 k_\mathrm{B}T}{h^2} + \log\frac{2\pi m_2 k_\mathrm{B}T}{h^2}\right]$$

$$-Nk_B T\left[\log\frac{Ve}{N}+\log 4\pi a^2+\frac{1}{2}\log\frac{2\pi k_B T}{\varphi''(a)}-\frac{\varphi(a)}{k_B T}\right] \tag{5.71}$$

と書ける．第1項が F_K，第2項が F_φ である．$\varphi(a)$ を含む項は結局 $N\varphi(a)$ となって，ポテンシャルエネルギーの定数部分が，U を通してそのまま自由エネルギーに受けつがれていることが判明する．エントロピー S は式 (5.7) により，

$$S=-\left(\frac{\partial F}{\partial T}\right)_V=Nk_B\left[\log T^{7/2}\frac{V}{N}+\frac{3}{2}\log\frac{(2\pi)^2 m_1 m_2 k_B^2}{h^4}\right.$$
$$\left.+\log 4\pi a^2\sqrt{\frac{2\pi k_B}{\varphi''(a)}}+\frac{9}{2}\right] \tag{5.72}$$

である．したがって内部エネルギー U は，

$$U=F+TS=\frac{7}{2}Nk_B T \tag{5.73}$$

となって式 (5.62) に一致する．

注意 2原子分子を論じるのに，最初から重心座標 $\boldsymbol{R}$ と相対座標 $\boldsymbol{r}$ (式 (5.65)) をとるとどうなるか．相対座標の方は，

$$x=r\sin\theta\cos\phi,\quad y=r\sin\theta\sin\phi,\quad z=r\cos\theta \tag{5.74}$$

という極座標 (r,θ,ϕ) を使うことにすると，ラグランジアン $\mathscr{L}_1$ は，

$$\mathscr{L}_1=\frac{m_1}{2}\dot{\boldsymbol{r}}_1^2+\frac{m_2}{2}\dot{\boldsymbol{r}}_2^2-\varphi(|\boldsymbol{r}_1-\boldsymbol{r}_2|)$$
$$=\frac{M}{2}(\dot{X}^2+\dot{Y}^2+\dot{Z}^2)+\frac{\mu}{2}(\dot{r}^2+r^2\dot\theta^2+r^2\sin^2\theta\,\dot\phi^2)-\varphi(r) \tag{5.75}$$

となる．$M=m_1+m_2$ は分子の全質量．$\mu=m_1 m_2/(m_1+m_2)$ は分子の換算質量である．これから共役運動量，

$$P_X=\frac{\partial\mathscr{L}_1}{\partial\dot X}=M\dot X,\quad P_Y=\frac{\partial\mathscr{L}_1}{\partial\dot Y}=M\dot Y,\quad P_Z=\frac{\partial\mathscr{L}_1}{\partial\dot Z}=M\dot Z$$
$$p_r=\frac{\partial\mathscr{L}_1}{\partial\dot r}=\mu\dot r,\quad p_\theta=\frac{\partial\mathscr{L}_1}{\partial\dot\theta}=\mu r^2\dot\theta \tag{5.76}$$
$$p_\phi=\frac{\partial\mathscr{L}_1}{\partial\dot\phi}=\mu r^2\sin^2\theta\,\dot\phi$$

をつくり，ハミルトニアン $\mathcal{H}_1$ をそれで表現すると，

$$\mathcal{H}_1 = \Sigma p\dot{q} - \mathcal{L}_1$$
$$= \frac{1}{2M}P^2 + \frac{p_r^2}{2\mu} + \varphi(r) + \frac{1}{2\mu r^2}\left(p_\theta^2 + \frac{p_\phi^2}{\sin^2\theta}\right) \tag{5.77}$$

が得られる．右辺最後の項は回転の運動エネルギーであって，μr^2 および $\mu r^2 \sin^2\theta$ がそれぞれの慣性モーメントに相当するが，これは他の座標を含んでいて，一般には独立に扱うことができない．しかし上で考えたように r が a のまわりに小振動するとすれば，回転部分で $r=a$ とおくことが許されよう．そうすると状態和では，

$$\int_0^{2\pi}d\phi\int_0^\pi d\theta\int dp_\phi \exp\left(-\frac{p_\phi^2}{2Ik_BT\sin^2\theta}\right)\int dp_\theta \exp\left(-\frac{p_\theta^2}{2Ik_BT}\right) \tag{5.78}$$

が問題になる．ただし $I \equiv \mu a^2$ とおいた．p_θ, p_ϕ について積分を実行すると，

$$\text{式 (5.78)} = \int_0^{2\pi}d\phi\int_0^\pi d\theta(\sqrt{2\pi Ik_BT})^2 \sin\theta = \int(\sqrt{2\pi Ik_BT})^2 d\Omega \tag{5.79}$$

が得られる．最後は $d\Omega = \sin\theta\, d\theta d\phi$ で，立体角についての積分を表す．これは $(\sqrt{k_BT})^2$ に比例するから，やはり等分配の法則が成立している．他の項はみな標準的な形をしているから，等分配の法則をただちに適用できる．

式 (5.78) において，積分変数を (p_ϕ, θ) から $(\tilde{p}_\phi \equiv p_\phi/\sin\theta, \theta)$ へ変えると，状態和は，

$$\int_0^{2\pi}d\phi\int_0^\pi \sin\theta\, d\theta\int d\tilde{p}_\phi \exp\left(-\frac{\tilde{p}_\phi^2}{2Ik_BT}\right)\int dp_\theta \exp\left(-\frac{p_\theta^2}{2k_BIT}\right) \tag{5.80}$$

となり，一見，立体角について等確率の原理が成立するように表現できる．

この等分配が実際に成立しているかどうか，実測の結果と比較して見よう．図 5.2 は，気体水素 1 モルあたりの熱容量が温度とともにどう変化するかを示したものである．温度の広い範

囲をおおうため，横軸は $\log T$ で目盛づけしてある．等分配の法則 (5.73) によれば，熱容量は $7R/2$ である[*]．ただちに見てとれるのは，定積熱容量 C_V が温度とともに階段状に増大していることであって，等分配の $7R/2$ という値は高温で最終的に C_V がとる値と推定できる．最低温では $3R/2$ であって，これは明らかに単原子分子と同じ値であり，重心運動の自由度に対応しているものと考えられる．つまりこの温度範囲では，2 原子分子らしい回転とか振動とかの運動の自由度へのエネルギー配分がなくて，この自由度はいわば死んでいるのである．

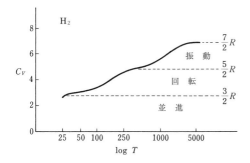

図 5.2　気体水素の定積熱容量

次の階段は $5R/2$ であるが，これがはたしてどの自由度がよみがえったことに相当するのか．回転も振動もともに R ずつ割り当てられているから，これだけの議論では判断できない．いずれにしても最終段階までに，回転と振動という 2 種類の自由度が，1 種類ずつよみがえってくる（後でわかるように (5.4.4 項)，温度上昇に伴って回転の自由度がまずよみがえる）．

5.3.3　固体の格子振動 (1)

各原子が，それぞれの格子点のまわりのポテンシャルの井戸で，各自独立に微小振動をしているという固体のモデル（アインシュタイン模型）を用いて議論を始めよう．このモデルでは

---

[*]　$R = N_A k_B$ は気体定数．N_A はアボガドロ数，すなわち 1 モル中の分子数である．

単体の固体は，同一の固有振動数 ω_0 をもつ $3N$ 個の調和振動子の集りだと見なすことになる．もちろんこのほかに振動子間に弱い相互作用が働いていて，それらの働きで，エネルギーのやり取りが行われ，熱平衡の達成を保証しているのである．

さてこのモデルでは，等分配の法則により，エネルギーの平均値は1振動子あたり $(k_B T/2) \times 2$ の分配があるから，

$$U = 3N \times \left(\frac{k_B T}{2} \times 2\right) = 3N k_B T \tag{5.81}$$

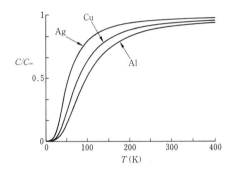

図5.3 固体の比熱．縦軸はデューロン-プティ則の値 $C_\infty = 3N k_B$ との比．

が内部エネルギーの値となる．したがって1モルあたりの熱容量は $3N_A k_B$ あるいは $3R$ である．これを**デューロン-プティの法則**とよぶ．図 5.3 にいくつかの単体金属1モルあたりの熱容量の測定値が，温度とともにどう変るかを示した．やはり低温では自由度が死んでおり，高温になるにしたがって，等分配の法則で定まる値に近づいている．2原子分子の気体の場合と，この点で共通のふるまいを示している．このふるまいは量子力学の効果であることが，後で示される．

注意 原子の格子点からの変位の x, y, z 成分を，通し番号をつけて，$q_1, q_2, \cdots, q_{3N}$ としたとき，ポテンシャルエネルギー $\varPhi$ は $q_1, q_2, \cdots, q_{3N}$ の関数である．すべての q_i が小さいものとして，

$$\Phi = \Phi_0 + \sum_i \left(\frac{\partial \Phi}{\partial q_i}\right)_0 q_i + \frac{1}{2}\sum_i \sum_j \left(\frac{\partial^2 \Phi}{\partial q_i \partial q_j}\right)_0 q_i q_j + \cdots \cdot \quad (5.82)$$

と展開する．$q_1 = q_2 = \cdots = q_{3N} = 0$ がつりあいの配置であるから，q_i の1次の係数は消える．さらにこの配置が安定ならば $\{q_i\}$ をどのようにとろうと，それが小さい限り，$\Phi \geq \Phi_0$ である．$q_i q_j$ の係数を k_{ij} と書くと，$k_{ij} = k_{ji}$ が成り立つ．

エネルギーの等分配の法則を一般化した式 (5.51) を用いると，

$$\left\langle q_i \frac{\partial \mathscr{H}}{\partial q_j} \right\rangle = \left\langle q_i \frac{\partial (\Phi - \Phi_0)}{\partial q_j} \right\rangle = \sum_l k_{jl} \langle q_i q_l \rangle = k_B T \delta_{ij} \quad (5.83)$$

が得られる．これから，

$$\sum_l k_{il} \langle q_i q_l \rangle = k_B T \tag{5.84}$$

となり，さらに i について1から $3N$ まで和をとれば，

$$\langle \Phi - \Phi_0 \rangle = \frac{1}{2} \sum_i \sum_l k_{il} \langle q_i q_l \rangle = 3N \frac{k_B T}{2} \tag{5.85}$$

を得る．この結果はアインシュタイン模型といった特殊なモデルによらずに求めたもので，式 (5.81) より一般性がある．しかし答は同じである．

厳密にいえば固体全体を平行移動させたり，剛体回転させても Φ は変らないから，Φ は $3N$ 個ではなく，実は $3N-6$ 個の独立変数に依存しているはずである．しかし，固体では N は非常に大きいから，実際上はこの差は重要でない．

5.3.4 熱放射 (1)

例として炉を考えてみよう．空洞の立方体があって，6個の面が炉の壁であり，高温 T に保たれているものとしよう．壁は，5.3.3項で述べたように，原子が集まって格子をつくっているのであるが，この原子はまるごと重心運動を行うほかに，その構成要素である電子とイオンとが別々に移動する運動形態もある．この後の型の運動では，正負の電荷の位置がずれるので，

電場 E と相互作用する．ずれ運動が周期的ならば，それは電磁波と相互作用することになる．炉の壁の熱運動は，空洞内に電磁波を放出したりまた空洞内から電磁波を吸収したりする．こうして温度 T の炉壁と熱平衡にある電磁波の集りが空洞内にでき上がる．これを**熱放射**または**空洞放射**という．空洞放射は調和振動子の集りと見なすことができる．それを次に見よう．

空洞は1辺の長さ L の立方体だとして，境界条件として周期的境界をとろう．2.4節で理想気体について述べたように，体積性の性質を問題にする限り，境界をどう考えても同じ結論になるものと期待してこの境界をとる．波の1方向への伝播を考えると，周期的境界では波長 λ と L の間に $\lambda = L/n$ (n：整数) の関係がなければならない．波数 $k = 2\pi/\lambda$ については，$k = (2\pi/L)n$ となる．したがって，正負両方向へ進む波があることを考慮し，許される波数ベクトル $\boldsymbol{k}$ は，

$$\boldsymbol{k} = \frac{2\pi}{L}(n_x, n_y, n_z), \quad n_x, n_y, n_z = 0, \pm 1, \pm 2, \cdots \quad (5.86)$$

となる[*]．この $\boldsymbol{k}$ を使って電場 $\boldsymbol{E}$ は，

$$\boldsymbol{E}(\boldsymbol{r}, t) = q(t)\boldsymbol{e}\, e^{i\boldsymbol{k}\cdot\boldsymbol{r}} \quad (5.87)$$

のように書ける．$\boldsymbol{e}$ は電場ベクトルの方向の単位ベクトルであって，電磁波の偏りのベクトル (polarization vector) とよぶ．電磁波は横波であって，$\boldsymbol{e}$ は波動ベクトル $\boldsymbol{k}$ に垂直である．q は振幅である．

ところで電磁波は伝播速度が光速度 c の波動である．場の量，特に $\boldsymbol{E}$ は波動方程式，

$$\left(\nabla^2 - \frac{1}{c^2}\frac{\partial^2}{\partial t^2}\right)\boldsymbol{E} = 0 \quad (5.88)$$

に従う．これに式 (5.87) を代入すると，q に対して方程式，

$$\left(-k^2 - \frac{1}{c^2}\frac{\partial^2}{\partial t^2}\right)q = 0, \quad \text{すなわち} \quad \ddot{q} + c^2 k^2 q = 0 \quad (5.89)$$

---

[*] 粒子の場合は，"粒子波" の波数ベクトル $\boldsymbol{k}$ と運動量 $\boldsymbol{p}$ の間に $\boldsymbol{p} = \hbar\boldsymbol{k}$ の関係があるので，式 (5.86) の条件から式 (2.100) を導くことができる．

が得られる．ゆえに上述のモードは波動ベクトル $\boldsymbol{k}$ と偏りの
ベクトル $\boldsymbol{e}$ で指定されるが，このモードの電磁波の振幅 q は調
和振動子の座標と見なすことができる．その固有振動数は ck
である．

こう考えると，上で述べた空洞放射は，式（5.86）で与えら
れる波数 $\boldsymbol{k}$ と，その各々に2通りの偏りベクトルを配しただ
けの，無限個の調和振動子の集りだということになる．そこで
これにエネルギー等分配の法則を適用すると，

$$\left(\frac{k_\mathrm{B}T}{2}\times 2\right)\times 2\times\infty$$

ということになって，特にその熱容量は ∞ である．事実はどう
か．上述の炉の温度 T を例えば ΔT だけあげるには，もちろ
ん有限の燃料の供給ですむ．等分配の法則は，ここでは完全に
破れている．次節で示すように，この矛盾の解決は量子論によ
って与えられることになる．

問　題

5.3.1 電気双極子モーメント μ をもつ2原子分子が強さ E の一様な
電場の中に置かれている．回転運動の自由エネルギーと電気分
極を求めよ．

5.3.2 ポテンシャル，

$$V(x) = ax^2 + bx^4 \qquad (a>0,\ b>0)$$

の中を運動する振動子（質量 m）の系がある．その比熱がどの
ように温度変化するか，おおよそのふるまいを論ぜよ．

5.3.3 次のページの図のように，中央に質量 m のおもりをつけ，両端
を固定した長さ l のひもがある．おもりは糸の両端を結ぶ軸の
まわりを回転している．この系が温度 T の外界と熱平衡にあ
るとき，固定端に働く平均の力 F と固定端の間の距離 x の間
の関係を求めよ．

5.4 量子効果

5.3節では,古典力学に基づいた統計力学の一般的結論であるエネルギー等分配の法則を種々の系に適用し,実測と比較した.熱放射は別として,一般に低温ではこの法則が破れているが,高温になるとだんだん成立してくるように見える.特に2原子分子の理想気体では,自由度の種類にしたがって段階的に等分配が実現されてゆくように見える.これらの中に現れた基本的矛盾を次に検討しなければならない.

そのためには,力学的基礎を量子力学においたときどうなるかを調べてみる必要がある.よく知られているように,歴史的にはむしろ,この矛盾を解決する過程を通して量子力学が形成されてきたのである.

すでに2.4節において,理想気体を量子力学的に取り扱った.そこで得た結論は,位相体積を h^f で測ったものが,量子力学的状態の数を表すということである.それ以外では古典統計力学と大差ないものであった.ただ状態数を数えることが単純明快になったのであった.

ここでは,2,3の例を通して,量子力学を基礎として議論するとき,問題にはそれぞれにある特徴的な,微視的なエネルギーが含まれていることを示そう(そのエネルギーを $\varDelta$ と書くことにする).したがってすべてのエネルギー,特に熱エネルギーが大きいか小さいかは,$\varDelta$ に比較していうことになるものであ

る．換言すると温度の高い低いは Δ に比べていえばよいことになる．

もう1つの量子力学的効果は，粒子が同一種であるということを厳密にとり入れた場合の問題である．これは後（6.1節）で議論することとして，ここでは第1の効果について議論しよう．

5.4.1 調和振動子

これについてはすでに2.4節で議論した．量子条件（2.83）を用いると，定常状態のエネルギーは式（2.90）すなわち，

$$E_n = \left(n + \frac{1}{2}\right)\hbar\omega, \qquad n = 0, 1, 2, \cdots \qquad (5.90)$$

で与えられる．エネルギースペクトルの特徴は，$\hbar\omega$ を一段とする等間隔の階段だという点である．もちろん上述の特性エネルギー Δ はこの $\hbar\omega$ であるが，後で説明するように，これは振動子系をエネルギー $\hbar\omega$ をもつ量子の集りであるとする見方の根拠でもある．

式（5.90）の定数 1/2 は，シュレーディンガーの方程式を解いて得られる．基底状態でも，ハイゼンベルクの不確定性関係により，粒子はポテンシャルエネルギーの谷底 $q=0$ に静止していられない．その結果エネルギーもゼロにはなりえないのである．$E_0 = \hbar\omega/2$ を**ゼロ点**（zero point）**エネルギー**とよぶ．

全系の状態に対応する量子数 a は，N 個の自然数（0を含む）の組，

$$a \equiv (n_1, n_2, \cdots, n_N) \qquad (5.91)$$

で与えられる．状態和は式（5.27）に従って，

$$\begin{aligned}
Z(\beta) &= \sum_a e^{-\beta E_a} \\
&= \sum_{n_1,\cdots,n_N} e^{-\beta\hbar\omega[n_1+(1/2)+n_2+(1/2)+\cdots+n_N+(1/2)]} \\
&= e^{-N\beta\hbar\omega/2}\left(\sum_{n=0}^{\infty} e^{-\beta\hbar\omega n}\right)^N
\end{aligned}$$

$$= e^{-N\beta\hbar\omega/2} \frac{1}{(1-e^{-\beta\hbar\omega})^N} \tag{5.92}$$

のように求められる.確かに温度 $k_BT=1/\beta$ は $\hbar\omega$ との比の形でしか現れていない.つまり k_BT が $\varDelta=\hbar\omega$ で測られていることを注意しておこう.

これから,自由エネルギー F は式 (5.14) により,

$$F = -k_B T \log Z = N\left[\frac{1}{2}\hbar\omega + k_B T \log(1-e^{-\hbar\omega/k_BT})\right] \tag{5.93}$$

となる.さらに内部エネルギーは式 (5.13) により,

$$U = -\frac{\partial}{\partial\beta}\log Z = N\left(\frac{1}{2}\hbar\omega + \frac{\hbar\omega}{e^{\beta\hbar\omega}-1}\right) \tag{5.94}$$

と求まる.これを式 (5.90) と並べて見ると,量子数 n の平均値 $\langle n \rangle$ が,

$$\langle n \rangle = \frac{1}{e^{\beta\hbar\omega}-1} \tag{5.95}$$

で与えられていることがわかる.式 (5.94) からさらに,熱容量 $C_x=(\partial U/\partial T)_x$ をつくると,

$$C_x = N\frac{1}{2}\frac{(\hbar\omega/k_BT)^2}{\cosh(\hbar\omega/k_BT)-1} \tag{5.96}$$

となる.この微分のとき調和振動子の固有振動数 ω を一定に保つ.これが外部パラメーター x に相当し,C_x はそれを一定に保ちながらの熱容量である.C_x の温度依存性を図 5.4 に示す.低温で 0 であった C_x が高温になるとともに増大し,等分配の値 $C_x=Nk_B$ に近づいてゆく.

式 (5.95) を $T\to 0$ で見てみよう.先に述べたように,これは $k_BT\ll\hbar\omega$,また $e^{\beta\hbar\omega}\gg 1$ を意味するから,

$$\langle n \rangle \simeq e^{-\hbar\omega/k_BT} \quad (T\to 0) \tag{5.97}$$

すなわち $T\to 0$ とともに振動子はほとんど基底状態 $n=0$ に落ち着き,確率 (5.97) で第 1 励起状態に励起されているといってもよい.その温度変化がさきほどの特性エネルギー $\varDelta$ を含んでいて特徴的である.

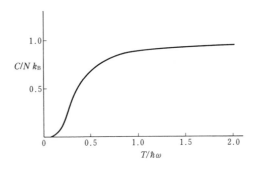

図5.4 調和振動子の熱容量

次に $T \to \infty$, すなわち $k_B T \gg \hbar\omega$ で見てみよう. このとき少し詳しく展開すると,

$$\langle n \rangle \simeq \left[\beta\hbar\omega + \frac{1}{2}(\beta\hbar\omega)^2 + \frac{1}{3!}(\beta\hbar\omega)^3 + \cdots\right]^{-1}$$

$$= \frac{1}{\beta\hbar\omega}\left[1 - \frac{1}{2}\beta\hbar\omega + \frac{1}{12}(\beta\hbar\omega)^2 + \cdots\right]$$

となり, これを使うと,

$$\hbar\omega\left(\langle n \rangle + \frac{1}{2}\right) = k_B T + \frac{1}{12}\frac{(\hbar\omega)^2}{k_B T} + \cdots, \quad (T \to \infty) \quad (5.98)$$

が導かれる. 注目すべきは, 初項がエネルギー等分配の値 $k_B T$ であるが, これと, 展開の次の項 T^0 に相当する項がゼロ点エネルギーとちょうど打ち消しあって, 落ちているということである. 換言すると, ゼロ点エネルギーまで含めたエネルギーを考えるとき, 初めて等分配の法則が成立するのだということである. つまり $\hbar\omega$ より高温では, 等分配の法則が成立しているが, $\hbar\omega$ より低温ではこの自由度はほとんど死んでいる(熱容量の曲線を見よ).

以上の結果を, 調和振動子系と見なせる具体例に適用してみよう.

5.4.2 熱 放 射 (2)

5.3.4項によれば, 波数 k の電磁波は, 固有振動数 ck の調和振動子であり, これに偏りの異なる2種のものがある. ゆえに

熱平衡状態での内部エネルギー U は，

$$U = \sum_{k,e} \hbar ck \left\langle \left(n_{k,e} + \frac{1}{2} \right) \right\rangle \tag{5.99}$$

で与えられる．ゼロ点振動の寄与は定数であるから（実はこのままでは発散している），これを別にして考えることにしよう．また $\langle n_{k\sigma} \rangle$ は固有振動数と温度の比だけの関数であるから，式 (5.99) を，

$$U = 2\sum_{k} \hbar ck \langle n_k \rangle = 2\sum_{k} \frac{\hbar ck}{e^{\beta \hbar ck} - 1} \tag{5.100}$$

と書くことができる．以下はこの k についての和をとる計算である．境界が周期 L の周期的境界だとすれば，式 (5.86) により，k は整数を使って，

$$\boldsymbol{k} = \frac{2\pi}{L}(n_x, n_y, n_z), \quad n_x, n_y, n_z = 0, \pm 1, \pm 2 \cdots \tag{5.101}$$

で与えられる．整数の組 1 個が $\boldsymbol{k}$ の 1 個の値に対応するから，(n_x, n_y, n_z) についての和は (n_x, n_y, n_z) を直交座標とする空間を考え，この空間での積分を求めればよい．式 (5.101) によりこれはまた，

$$\mathrm{d}n_x \mathrm{d}n_y \mathrm{d}n_z = \left(\frac{L}{2\pi} \right)^3 \mathrm{d}k_x \mathrm{d}k_y \mathrm{d}k_z \tag{5.102}$$

のように波動ベクトル空間での積分として書くこともできる．ゆえに式 (5.100) の $\boldsymbol{k}$ についての和は，極座標を用いて，

$$U = \frac{2V}{(2\pi)^3} \int_0^\infty \frac{\hbar ck}{e^{\beta \hbar ck} - 1} 4\pi k^2 \mathrm{d}k \tag{5.103}$$

となる．ただし $V \equiv L^3$ は空洞の体積である．これは単位体積中の放射エネルギー $u \equiv U/V$ を，波数 k についてスペクトル分解した表式だと見ることができる．しかし通常スペクトル分解は波長 λ について行う習慣である．

$$k = \frac{2\pi}{\lambda}, \quad \mathrm{d}k = -\frac{2\pi}{\lambda^2} \mathrm{d}\lambda \tag{5.104}$$

の関係を使って積分変数の変換を行うと，式 (5.103) は，

$$u \equiv \int_0^\infty u_\lambda \mathrm{d}\lambda \tag{5.105'}$$

$$u_\lambda = \frac{8\pi hc}{\lambda^5}\frac{1}{e^{hc/\lambda k_B T}-1} \tag{5.105}$$

となる．ただし $h \equiv 2\pi\hbar$ は元来の**プランクの定数**であり，u_λ が**スペクトル関数**である．つまり u_λ は波長 λ のところの，単位体積・単位波長あたりの放射エネルギーである．

図 5.5 は u_λ の λ 依存性を示す．$\lambda \to 0$ で $\lambda^{-5} e^{-hc/\lambda k_B T}$，$\lambda \to \infty$ で λ^{-4} のようにふるまう．ある $\lambda = \lambda_m$ で u_λ は極大になる．この λ_m は，

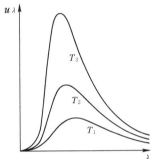

図 5.5 熱放射のエネルギー密度．温度は $T_1 < T_2 < T_3$．

$$\left(\frac{\partial u_\lambda}{\partial \lambda}\right)_T = 0 \tag{5.106}$$

から定まる．この左辺の表式は，

$$\frac{\partial u_\lambda}{\partial \lambda} = \frac{u_\lambda}{\lambda}\left(-5+\frac{hc/\lambda k_B T}{1-e^{-hc/\lambda k_B T}}\right)$$

となる．したがって式 (5.106) は，

$$\frac{hc/\lambda k_B T}{1-e^{-hc/\lambda k_B T}} = 5 \tag{5.107}$$

と書ける．これは，未知数 $x \equiv hc/\lambda k_B T$ に対する方程式である．その解を $x = b$ とすれば，

$$\lambda_m T = \frac{hc}{k_B}\frac{1}{b} \tag{5.108}$$

という関係が成立することがわかる．つまりスペクトル強度極大の波長 λ_m は，その放射の絶対温度に逆比例するのである．式

(5.108) の右辺は $0.2918\,\mathrm{cm\cdot K}\,(b=5.0)$ である．これを**ウィーンの変位則**（displacement law）とよぶ．

また式 (5.103) から得られる全エネルギー密度 $u=U/V$ は，変数変換 $\hbar ck/k_\mathrm{B}T\equiv x$ を行えば，

$$u = \frac{\hbar c}{\pi^2}\left(\frac{k_\mathrm{B}T}{\hbar c}\right)^4 \int_0^\infty \frac{x^3}{e^x-1}\,\mathrm{d}x = \frac{8\pi^5 k_\mathrm{B}^4}{15(hc)^3}T^4 \qquad (5.109)$$

と書ける（式 (5.109) の定積分の値は $\pi^4/15$ である）．式 (5.109) は**シュテファン-ボルツマンの法則**とよばれる．全エネルギー密度が T^4 に比例する点がその特徴である．ディメンションを考えると，比例定数に $(hc)^{-3}$ が入ることがすぐわかる．

波数 $\boldsymbol{k}$ のモードの特性エネルギーが $\hbar ck$ であることを考えると，熱運動で死んでいないのは，およそ，

$$\hbar ck \lesssim k_\mathrm{B}T \equiv \hbar ck_\mathrm{th} \qquad (5.110)$$

を満足するモードだけである．この条件を満足するモードの数はおよそ $(L/2\pi)^3\cdot(4\pi/3)k_\mathrm{th}^3\times 2$ で与えられる（この因子 2 は偏りに 2 通りあることを考慮したもの）．等分配の法則によれば，振動子の場合 1 自由度あたり配分されるエネルギーは $k_\mathrm{B}T$ であるから，全エネルギーは $(L/2\pi)^3(4\pi/3)\times(k_\mathrm{B}T/\hbar c)^3\times 2\times k_\mathrm{B}T$ である．これは単位体積あたりに直すと，

$$\frac{8\pi}{3}\left(\frac{k_\mathrm{B}T}{hc}\right)^3 k_\mathrm{B}T$$

となる．もちろんこの議論だけでは，数係数まで算出することはできないが，それ以外の形はまさにシュテファン-ボルツマンの法則 (5.109) と一致している．

5.4.3　固体の格子振動 (2)

5.3.3 項で述べた固体のアインシュタイン模型では，特性エネルギーは $\hbar\omega_0$ である（以下対称性のよい格子を考えることにして，特性エネルギーはただ 1 個だけだとしよう）．そこで述べたエネルギー等分配の法則からのずれ（図 5.3）は，図 5.4 と同じ傾向であって，一応固有振動数が $\hbar\omega_0$ の $3N$ 個の調和振動子の

集りだと考えてよさそうである．

ところが低温でのふるまいが実測と違う．アインシュタイン模型では，式 (5.96) で与えたように，熱容量は，

$$C \simeq 3N\left(\frac{\hbar\omega_0}{k_B T}\right)^2 e^{-\hbar\omega_0/k_B T} \qquad (k_B T \ll \hbar\omega_0) \tag{5.111}$$

であり，特に指数関数を含んでいて，$T\to 0$ に際して，きわめて異常な減少の仕方をする．ところが実際は，熱放射に関するシュテファン-ボルツマンの法則と同じく，C は T^3 に比例してゆるやかに減少する．熱放射の場合，固有振動数が波数 k に比例していることが，この法則の成立にとって本質的だった．固体の場合にもそのような事情が存在しないだろうか．

確かに固体には，弾性波という波動が立つことができる．その固有振動数は波数 k に比例する．しかも普通の音波に対応する縦波と，その他に横波が存在する．伝播速度は，前者 c_l の方が後者の c_t より大きいが，いずれにしても数 10^5cm/s の程度の大きさである．

さてこの弾性波と，前述の微視的なアインシュタイン模型とはどんな関係にあるのか．アインシュタイン模型では各原子が独立に微小振動を行うものとしたが，例えば隣どうし相互作用があるため，互いに連携をもった振動を行うと，固有振動数の小さいモードが実現する．こうして固体全体の原子が連携した振動，すなわち**集団運動**を行うことになる．このうち波長が巨視的に長いものが，上述の弾性波である．長波長の波動に着目している限り，固体が原子から構成されていることは表面に出ず，いくつかの弾性定数で特性づけられる弾性体としてとらえることができるのである．

こうして熱放射に関するシュテファン-ボルツマンの法則 (5.109) を，固体の場合に適合するよう，修正を加えることができる．縦波は偏りがないから，1/2 にし $c\to c_l$ とする．

$$u_l = \frac{4\pi^5 k_B^4}{15(hc_l)^3} T^4$$

次に横波は電磁波と同じく偏りが2種類あるから，そのまま $c \to c_\mathrm{t}$ とする．

$$u_\mathrm{t} = \frac{8\pi^5 k_\mathrm{B}^4}{15(hc_\mathrm{t})^3} T^4$$

この3種類の調和振動子から成る系の内部エネルギーを加え合せれば，固体の格子振動による内部エネルギーが得られる．

$$U = Vu = \frac{4\pi^5 k_\mathrm{B}^4 V}{5(h\bar{c})^3} T^4 \tag{5.112}$$

ただし，

$$\frac{1}{\bar{c}^3} = \frac{1}{3}\left(\frac{1}{c_\mathrm{l}^3} + \frac{2}{c_\mathrm{t}^3}\right) \tag{5.112'}$$

したがって熱容量は，次のようになる．

$$C_V = \frac{dU}{dT} = \frac{16\pi^5 V}{5(h\bar{c})^3} k_\mathrm{B}^4 T^3 \tag{5.113}$$

このような扱いが許されるのは低温の場合に限られるが，もっと正確にいうとどのような温度領域であろうか．温度 T のとき熱的に励起される弾性波は，波数 k が式 (5.110) の条件（ただし，c は $\bar{c}$）で定まる k_th の程度，ないしはそれより小さいものと考えてよい．このような波動を連続体の弾性波と見なしうるためには，波長が原子の間隔 a より十分長いという条件，すなわち，

$$ka \ll 1 \tag{5.114}$$

の条件が満たされる必要がある．ここで $k \sim k_\mathrm{th}$ とすれば，温度に対する条件として，

$$k_\mathrm{B} T \ll \frac{\hbar \bar{c}}{a} \tag{5.115}$$

が得られる．

式 (5.114) の条件が満たされない短波長の振動は，波数と固有振動数の関係が連続体の場合と違って，単純でない．しかし，空洞放射とは異なり自由度は有限であるから，固有振動数の大きさも有限である．その最大値を ω_M とすれば，

$$k_\mathrm{B} T \gg \hbar \omega_\mathrm{M}$$

となる高温では，すべての振動子についてエネルギー等分配が成り立ち，熱容量については式 (5.81) になる．

低温における熱容量の表式 (5.113) と高温における表式 (5.81) とを内挿する公式は次のようにして得られる．振動の波数と固有振動数の関係は短波長まで連続体と同じ $\omega = c_a k$ ($a = l, t$) が成り立つと仮定する．しかし，自由度が $3N$ であるという事情を忘れてはならない．そこで波数の領域に上限 k_D があるとし，k_D は全自由度が $3N$ であるという次の条件によって定める（デバイ模型）．

$$3 \frac{V}{(2\pi)^3} \frac{4\pi}{3} k_D{}^3 = 3N \tag{5.116}$$

数係数を省略すれば k_D はおよそ $(N/V)^{1/3}$，すなわち原子間隔 a の逆数の程度である．これを用いると内部エネルギーとして，

$$\begin{aligned} U &= \frac{3V}{(2\pi)^3} \int_0^{k_D} \frac{\hbar \bar{c} k}{e^{\beta \hbar \bar{c} k} - 1} 4\pi k^2 dk \\ &= 9Nk_B T \left(\frac{T}{\Theta_D}\right)^3 \int_0^{\Theta_D/T} \frac{x^3}{e^x - 1} dx \end{aligned} \tag{5.117}$$

を得る．ただし，

$$\Theta_D = \frac{\hbar \bar{c} k_D}{k_B} \tag{5.118}$$

で，これを**デバイ温度**という．熱容量は，

$$C = 9N \left(\frac{T}{\Theta_D}\right)^3 \int_0^{\Theta_D/T} \frac{x^4 e^x}{(e^x - 1)^2} dx \tag{5.119}$$

となる．これを**デバイの内挿公式**という．

低温 ($T \ll \Theta_D$) では，式 (5.117) の積分の上限は ∞ にしてよい．積分の値は $\pi^4/15$ になり，結果は式 (5.112) と一致する．熱容量は，

$$C_V = \frac{12\pi^4}{5} Nk_B \left(\frac{T}{\Theta_D}\right)^3 \tag{5.120}$$

となる．これは式 (5.113) をデバイ温度 Θ_D を使って書き直したものにほかならない．高温 ($T \gg \Theta_D$) では，式 (5.117) の被

積分関数を $x \ll 1$ として展開し，$x^3/(e^x-1) \simeq x^2$ と近似できる．積分は $(\Theta_D/T)^3/3$ となり，エネルギー等分配則の結果と一致する．なお，$k_D \sim 1/a$ であるから，低温すなわち $T \ll \Theta_D$ の条件は式 (5.115) と一致する．

内挿公式 (5.119) は広い温度範囲で実験（図 5.3）とよく一致する．デバイ温度 Θ_D は式 (5.120) を使って低温の比熱のデータから決めることもできるし，式 (5.118) の定義により弾性測定のデータから定めることもできる．表 5.1 に両者の比較を示した．両者はおおむね一致している．

表 5.1

金属単体	Θ_D(弾性)	Θ_D(比熱)
Al	399 K	380 K
Cu	335 K	310 K
Pb	75 K	86 K

5.4.4 回転運動の量子効果

次に回転運動について量子効果を検討しよう．

1 個の粒子の軌道角運動量を $\hbar \boldsymbol{l}$ と書くと，

$$\boldsymbol{l} = \frac{\boldsymbol{r} \times \boldsymbol{p}}{\hbar} \tag{5.121}$$

である．直交座標軸を選び，それによる座標表示の演算子として $\boldsymbol{l}$ を書いてみると，$\boldsymbol{p} \to -i\hbar \nabla$ として，

$$l_x = -i\left(y\frac{\partial}{\partial z} - z\frac{\partial}{\partial y}\right), \quad l_y = -i\left(z\frac{\partial}{\partial x} - x\frac{\partial}{\partial z}\right)$$
$$l_z = -i\left(x\frac{\partial}{\partial y} - y\frac{\partial}{\partial x}\right) \tag{5.122}$$

で与えられる．任意の x, y, z の関数 $\psi(x, y, z)$ に演算すると，2 階微分の部分が落ちて，

$$l_x l_y \psi(x, y, z) - l_y l_x \psi(x, y, z) = i l_z \psi(x, y, z) \tag{5.123}$$

となる．他の $\boldsymbol{l}$ の成分を組み合せても，成分を適宜変更した同様な結果が得られる．この結果は，任意の素直な関数 $\psi(x, y,$

z) について得られたものだから,これを演算子の間の関係であるとしておくことができる.

$$l_x l_y - l_y l_x = i l_z, \quad \cdots \quad (5.124)$$

これを l_x と l_y などの**交換関係**(commutation relation)とよぶ.

さて,量子力学で"角運動量"というときは式 (5.121) のような具体的な構造を離れて,この式 (5.124) のような交換関係を満足するベクトル演算子 $\boldsymbol{J}$ を意味する.

$$J_x J_y - J_y J_x = i J_z, \; J_y J_z - J_z J_y = i J_x, \; J_z J_x - J_x J_z = i J_y \quad (5.125)$$

式 (5.124) から式 (5.121) へ一義的にもどることはできない.この意味で,式 (5.125) で定義される角運動量は,軌道角運動量の一般化である.

さて,式 (5.125) の関係を使うと,角運動量の大きさに対応する演算子,

$$J_x{}^2 + J_y{}^2 + J_z{}^2 \equiv J^2 \quad (5.126)$$

と $\boldsymbol{J}$ のどれか 1 成分(それをここでは J_z ととろう)は**可換**である.

$$J^2 J_z - J_z J^2 = 0 \quad (5.127)$$

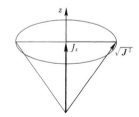

図 5.6 角運動量ベクトル

これが J^2,つまり角運動量の大きさと,J_z の値を同時に定めることができることを保証している.このとき式 (5.125) の関係を見ると,J_x や J_y の値を同時に定めることはできない.角運動量は $\sqrt{J^2}$ の大きさをもっていて,z 軸のまわりに図 5.6 のように回転していると見ることができる.その z 軸への投影が J_z

5.4 量子効果

の値である.交換関係 (5.125) をもとに角運動量を定量的に論じることは他にゆずり,ここでは量子条件 (2.83) をもとに準古典論的に議論してみよう.

$\sqrt{J^2}$ を J, J_z を $J\cos\theta$ (θ はベクトル J と z 軸の間の角) と書くと,量子条件 (2.83) は,z 軸まわりの回転角 φ とその共役運動量 J_z について,

$$\hbar J\cos\theta\cdot 2\pi = nh, \qquad n = 0, \pm 1, \pm 2, \cdots \tag{5.128}$$

となる (図5.7).2π は角運動量が z 軸のまわりを 1 周するときの角度変化分である.$2\pi\hbar = h$ を考慮すると式 (5.128) は,

$$\Delta\cos\theta = \frac{1}{J} \tag{5.129}$$

となる (図5.8).ここで $\Delta\cos\theta$ は隣り合う軌道の $\cos\theta$ の値の差を示す.$\cos\theta$ の変化する範囲は 2 であるが,これが式 (5.129) により等間隔の $2J$ 個に分けられる.$J_z = J\cos\theta$ の値でいえば,$J, J-1, J-2, \cdots, -J$ の $2J+1$ 個の軌道に分れるのである.したがって $2J$ が 0 または自然数でなければならない.J に直せば,

 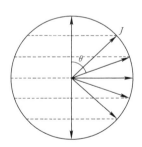

図 5.7 角運動量 z 成分の量子化 **図 5.8** 角運動量の方向量子化

$$J = 0, \ \frac{1}{2}, \ 1, \ \frac{3}{2}, \ 2, \ \cdots \tag{5.130}$$

が J のとり得る値であり,J が与えられると J_z の値 M は,

$$M = J, \ J-1, \ J-2, \ \cdots, \ -J \tag{5.131}$$

の $2J+1$ 個のどれかである.

この結論 (5.130), (5.131) は式 (5.125) の交換関係に基づく精確な議論の結果と一致するが, ただ J の大きさ J^2 が正しくは J^2 ではなく, $J(J+1)$ だという点で違っている. したがって, これを幾何学的に言うと, J がちょうど北極あるいは南極を向いている状態は存在しないということになる. これは不確定性関係によって, 一定方向を向いて静止していることが許されないのだと解釈できる.

慣性モーメント I の物体が角運動量 $\boldsymbol{L}$ で回転しているとき, 回転の運動エネルギーは,

$$E = \frac{\boldsymbol{L}^2}{2I}$$

で与えられる. 量子論では $\boldsymbol{L} = \hbar\boldsymbol{J}$ で, $\boldsymbol{J}^2$ は $J(J+1)$ と量子化されるから, エネルギーは,

$$E_J = \frac{\hbar^2}{2I} J(J+1) \tag{5.132}$$

と量子化される. したがって, 回転運動の特性エネルギーは $\hbar^2/2I$ であり, 回転の自由度が死ぬ温度は, およそ,

$$k_B T \simeq \frac{\hbar^2}{2I} \tag{5.133}$$

で与えられる. 図 5.2 の水素分子の場合, この温度は約 10 K である. 測定結果が示すように, $T < 10$ K の低温では回転の自由度も死んで, 比熱は重心運動による $3R/2$ のみが残る.

5.4.5 磁 性 体

角運動量をもつ粒子が電荷をもっているとすると, 一般にその角運動量に平行に磁気モーメントが存在する.

$$\boldsymbol{m} = \mu \boldsymbol{J} \tag{5.134}$$

この磁気モーメント $\boldsymbol{m}$ は, 磁場 $\boldsymbol{H}$ の中に置かれると,

$$\mathcal{H}_1 = -\boldsymbol{m} \cdot \boldsymbol{H} \tag{5.135}$$

で表されるエネルギー (ゼーマンエネルギーという) をもつ. 磁場の方向に z 軸をとると式 (5.135) はまた,

5.4 量子効果

$$\mathcal{H}_1 = -\mu H J_z \tag{5.135'}$$

と書ける.したがって式 (5.131) により,ゼーマンエネルギーの固有値は,

$$-\mu HM = -\mu H J, \ -\mu H(J-1), \ -\mu H(J-2), \ \cdots, \ +\mu H J \tag{5.136}$$

という $(2J+1)$ 個の,等間隔の値をとる.

いま同一の自由な回転する粒子 N 個から成る理想体系を考えよう.ただしこれらの粒子の角運動量の間には弱い相互作用があり,熱平衡状態が達成されているものとする.全系のハミルトニアンは,

$$\mathcal{H} = \sum_{i=1}^{N} \mathcal{H}_1(i) = -\mu H \sum_{i=1}^{N} J_{iz} \tag{5.137}$$

と書け,その量子状態は次の量子数で指定される.

$$a = (M_1, M_2, \cdots, M_N) \tag{5.138}$$

これを**理想常磁性体**とよぶ.

以下簡単な場合として,$J=1/2$ の場合を取り扱うことにしよう.電子や陽子,中性子の内部角運動量はスピン (spin) とよばれ,その大きさは $1/2$ である.もちろん μ はそれぞれの場合で値が異なる.

さて全系の状態和は,

$$Z = \sum_a e^{-\beta E_a} = \sum_{(M_i)} \exp(\beta \mu H \sum_i M_i) = \prod_i \sum_{M_i} \exp(\beta \mu H M_i) \tag{5.139}$$

で与えられるが,粒子はすべて同一種類であるから,これはまた,

$$Z = (Z_1)^N$$
$$Z_1 = \sum_M \exp(\beta \mu H M) = e^{\beta \mu H/2} + e^{-\beta \mu H/2} = 2\cosh\frac{\mu H}{2 k_B T} \tag{5.140}$$

と書くことができる.したがって自由エネルギーは,

$$F = -k_B T \log Z = -N k_B T \log\left[2\cosh\left(\frac{\mu H}{2 k_B T}\right)\right] \tag{5.141}$$

となる.この自由エネルギー F は,温度 T と外からかけた磁

場の強さ H の関数となっている.後者が外部パラメーター x に相当するものである.この外部パラメーター H に共役な"力"は何であろうか.それは定義により $(\partial F/\partial H)_T$ であるが,式 (5.139) によりこれは次式で与えられる.

$$\left(\frac{\partial F}{\partial H}\right)_T = \frac{\partial}{\partial H}(-k_{\mathrm{B}}T \log Z)$$
$$= \frac{1}{Z}\sum_{\{M_i\}}\left(-\mu\sum_i M_i\right)\exp(\beta\mu H\sum_i M_i) \qquad (5.142)$$

これは,その形から,全磁化 $\sum_i \mu M_i$ の符号を変えたものの,実現確率による平均値であることがわかる.すなわち全磁化を M と書くと,

$$M = -\left(\frac{\partial F}{\partial H}\right)_T \qquad (5.143)$$

が成り立つ.もちろん,

$$-\left(\frac{\partial F}{\partial T}\right)_H = -\left(\frac{\partial F}{\partial T}\right)_x = S \qquad (5.144)$$

はエントロピーである.したがって熱力学的等式として,

$$dF = -SdT - MdH \qquad (5.145)$$

が成立する.これからマクスウェルの関係式として次式を得る.

$$\left(\frac{\partial S}{\partial H}\right)_T = \left(\frac{\partial M}{\partial T}\right)_H \qquad (5.146)$$

さてスピンの場合の計算にもどろう.式 (5.143) に式 (5.141) を代入すると,

$$M = \frac{\partial}{\partial H}\left\{Nk_{\mathrm{B}}T \log\left[2\cosh\left(\frac{\mu H}{2k_{\mathrm{B}}T}\right)\right]\right\}$$
$$= N\frac{\mu}{2}\tanh\left(\frac{\mu H}{2k_{\mathrm{B}}T}\right) \qquad (5.147)$$

となる.また式 (5.144) に式 (5.141) を代入すると,次の式が得られる.

$$S = Nk_{\mathrm{B}}\left\{\log\left[2\cosh\left(\frac{\mu H}{2k_{\mathrm{B}}T}\right)\right] - \frac{\mu H}{2k_{\mathrm{B}}T}\tanh\left(\frac{\mu H}{2k_{\mathrm{B}}T}\right)\right\}$$
$$\qquad (5.148)$$

5.4 量子効果

この結果が高温および低温でどんな特性をもっているか，これを調べてみよう．

まず温度の高低は何を基準としていうのか．この2式，あるいは式 (5.140) にもどってみると，明らかにその特性エネルギーは μH である．したがって高温 $k_B T \gg \mu H$ では $\mu H / k_B T$ でべき展開して，

$$M = \frac{N\mu^2}{4 k_B T} H + \cdots \cdot$$
$$S = N k_B \left[\log 2 - \frac{1}{8} \left(\frac{\mu H}{k_B T} \right)^2 + \cdots \cdot \right] \tag{5.149}$$

を得る．また低温 $k_B T \ll \mu H$ では $\exp(-\mu H / k_B T)$ で展開することにより，次のようになる．

$$M = N \frac{\mu}{2} (1 - 2 e^{-\mu H / k_B T} + \cdots \cdot)$$
$$S = N \frac{\mu H}{T} e^{-\mu H / k_B T} + \cdots \cdot \tag{5.150}$$

この2組の表式についてマクスウェルの関係式 (5.146) が成り立つことを確かめてみるとよい．1つの検算になる．

さて高温の式を見ると，磁気感受率 χ，

$$M = \chi H \tag{5.151}$$

が定義できる形になっており，この χ に対し次の**キュリーの法則**が成立している．

$$\chi = \frac{C}{T} \quad (C \text{ は定数}) \tag{5.152}$$

エントロピーの表式の第1項は，

$k_B \log 2^N$

と表してみるとわかるように，各スピンが $M_i = 1/2$ と $M_i = -1/2$ を自由にとると考えたときの状態数 $W = 2^N$ を，エントロピーの表式 $S = k_B \log W$ （式 (2.92)）に代入した形である．これは，高温では $\mu H \ll k_B T$ であるため，ゼーマンエネルギーの差 μH が無視できて，上記 W 個の状態が同一のエネルギーをもつものと見なせる．したがってこの W 個の状態は等確率

で実現することを表している.

これに対して低温における磁化の表式 (5.150) を見ると,その第1項は,すべてのスピンが磁場の方向にそろったときの値を表していて,磁場の大きさによらない.またエントロピーの表式は,

$$T \to 0 \quad (x = H = 一定) \text{ とともに} \quad S \to 0 \tag{5.153}$$

という性質をもっている.

5.4.6 熱力学第3法則と断熱消磁

エントロピーについての式 (5.153) の性質は,実は普遍的に成り立つ関係である.それを見るには,状態和の定義 (5.27) に立ち返るとよい.$T \to 0$ とともに $\beta \to \infty$ であるから,大きい項から順に書くと次のようになる.

$$Z(\beta, x) \to w_0 e^{-\beta E_0} + w_1 e^{-\beta E_1} + \cdots \tag{5.154}$$

E_0 は基底状態のエネルギーであって,その縮重度を w_0 と書いた.また E_1 は一番低い励起状態のエネルギーであり,その縮重度を w_1 と書いた.$E_1 - E_0 > 0$ が励起エネルギーを表す.この状態和から自由エネルギーを求めると,

$$F = -k_B T \log Z = E_0 - k_B T \log[w_0 + w_1 e^{-\beta(E_1-E_0)} + \cdots]$$

$$= E_0 - k_B T \log w_0 - k_B T \frac{w_1}{w_0} e^{-\beta(E_1-E_0)} + \cdots \tag{5.155}$$

となり,エントロピーはこれから,

$$S = -\frac{\partial E}{\partial T}$$

$$= \left[k_B \log w_0 + \frac{w_1}{w_0}\left(1 + \frac{E_1 - E_0}{k_B T}\right) e^{-(E_1-E_0)/k_B T} + \cdots \right] \tag{5.156}$$

で与えられることがわかる.外部パラメーターを不変に保つということは,エネルギー準位 $E_0, E_1, \cdots$ などを変えないということである.したがって,

$$T \to 0 \quad (x = 一定) のとき \quad S \to k_B \log w_0 \tag{5.157}$$

である.もし基底状態が縮重していなければ,$w_0 = 1$ だから $S \to 0$ に帰着する.基底状態がある程度縮退していても S は巨

視量であるから，w_0 がある数の N 乗という程大きくない限り，実質 $\log w_0$ はゼロと見てよい[*]．したがって，

$T \to 0$ ($x =$ 一定) のとき $\quad S \to 0 \quad$ (5.158)

が一般的に成立するという結果になる．これは系のエネルギーが離散的な値 E_0, E_1, …… などをとり，しかも有限最低値 E_0 があることに基づいた，量子力学特有の結論である．式 (5.158) を熱力学の基本法則にすえることがある．そのときこれを**熱力学の第 3 法則**とよぶ．

最後に**断熱消磁**とよばれる冷却法について述べておこう．スピン 1/2 の理想常磁性体に磁場 H がかかっていて温度 T の熱平衡状態にあるとき，エントロピーは式 (5.148) で与えられる．この表式を見ると，第 1 に系が N 個の磁気双極子から成っているから，エントロピーは個数 N に比例し，それに T/H の関数が掛っている．すなわち，

$$S = N f\left(\frac{T}{H}\right) \quad (5.159)$$

という形をしている．この関数 $f(x)$ は単調増加である．これはスピン 1/2 に限らず，一般に理想常磁性体についていえる事柄である．なぜならハミルトニアンが式 (5.137) で与えられるので，系の状態和 Z は H/T の関数である．したがって自由エネルギー F は式 (5.14) により T に，H/T の関数がかかった形になる．次に H を定数と考え T で微分するとエントロピー S が得られるから，式 (5.159) の形を得る．式 (5.159) から外部パラメーター（今の場合 H）を一定にした熱容量を求めると，

$$C_H = T\left(\frac{\partial S}{\partial T}\right)_H = N \frac{T}{H} f'\left(\frac{T}{H}\right) \quad (5.160)$$

の形になるが，系の安定性によりこれが正でなくてはならないので，$f(x)$ は単調増加である．

---

[*] 実在の物質では，通常この条件は成り立っている．

式 (5.159) から等エントロピー過程，つまり準静断熱過程では，

$$\frac{T}{H} = \text{一定} \tag{5.161}$$

であることがわかる．したがってある大きな磁場 H_i のもとで温度 T_i の熱平衡にある体系から出発して，準静断熱的に磁場を小さくして（断熱消磁）H_f にすると*），温度は変化して，

$$T_\mathrm{f} = \frac{H_\mathrm{f}}{H_\mathrm{i}} T_\mathrm{i} \tag{5.162}$$

になる．すなわち終状態の温度 T_f は磁場の比に比例して低くなる．$H \to 0$ としてしまえば，あらゆる理想常磁性体について，$T_\mathrm{f} \to 0$ という結論になってしまうが，現実にはそうはゆかない．温度が下がると熱運動のエネルギー $k_\mathrm{B}T$ が小さくなる．したがって，この熱運動の $k_\mathrm{B}T$ に比して小さいということから，高温では弱いとして取り扱えた相互作用も，温度の低下とともに弱いとはいえなくなる．つまり $k_\mathrm{B}T$ がその相互作用の特性エネルギーと同程度になってくる．そうなるとこの相互作用はハミルトニアンの中に取り入れて議論しなければならない．つまり，"理想"常磁性体ではなくなってしまうのである．もちろんこれよりさらに弱い相互作用が存在していて，この"非理想"常磁性体が熱平衡になることを確保してくれるであろう．しかしいずれにしても，十分低温になると式 (5.159) が成立しなくなって，$H_\mathrm{f} \to 0$ としても $T_\mathrm{f} \to 0$ とはならないのである．同じ事情により，式 (5.148) から $H=0$ のとき常に成り立つかのように見える，

$$S = Nk_\mathrm{B} \log 2 \tag{5.163}$$

という関係も，十分低温になると破れる．そして第 3 法則が成立するようになるのである．

冷却の手順としては，まず磁性体を熱源に接触させながら

---

*） 磁場 H は外部パラメーター，すなわちわれわれがコントロールできる変数であることを思い起こそう．

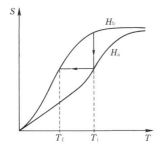

図 5.9 磁性体の断熱消磁．曲線は磁場一定のときのエントロピーの温度変化．($H_a > H_b$)

(等温的に)磁場を H_b から H_a まで強める．常磁性体ならば $(\partial M/\partial T)_H < 0$ であるから，式 (5.146) により $(\partial S/\partial H)_T < 0$, ゆえにこの手続で体系のエントロピーは減少する．次に断熱的に，つまり等エントロピー的に，H_b まで磁場を弱めると体系の温度が下がるのである．

気体の**断熱膨張**（adiabatic expansion）の熱力学もこれとまったく同じである．式 (5.58) により，気体のエントロピーについては，

$$S = Nf(TV^{2/3}) \tag{5.164}$$

が成り立つ．これが式 (5.159) に対応する．ただしパラメーターの入り方の差 ($H^{-1} \leftrightarrow V^{2/3}$) に注意する必要がある．この場合，

$$TV^{2/3} = 一定 \tag{5.165}$$

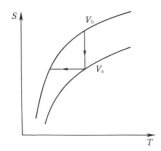

図 5.10 気体の断熱膨張．曲線は体積一定のときのエントロピーの温度変化．($V_a < V_b$)

が等エントロピー過程で成立する関係であり，冷却の手順は図 5.12 で与えられる．この場合式 (5.8) により，式 (5.146) の代りに，

$$\left(\frac{\partial S}{\partial V}\right)_T = \left(\frac{\partial P}{\partial T}\right)_V \tag{5.166}$$

が成立するが，気体では一般にこれが正である．

問　題

5.4.1 調和振動子系の熱容量 C の温度変化を示す下の図において，エネルギー等分配から得られる直線と C の曲線にはさまれた部分（図の灰色の部分）の面積が，ゼロ点エネルギーに等しいことを示せ．

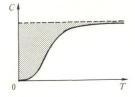

5.4.2 1次元および2次元の固体の比熱は，低温でそれぞれ T, T^2 に比例することを示せ．

5.4.3 1辺 L の立方体の容器に入った理想気体について，境界条件の違い（式 (2.95) と式 (2.100)）による自由エネルギーの差を求めよ．

6 応用——その 2

6.1 粒子の統計性

6.1.1 波動関数の対称性

　量子力学に基づいて統計力学を展開するとき，もう1つ際立った特徴が，同種粒子から成る系に現れる．古典統計力学で同種粒子を取り扱うとき，位相空間のある体積要素と，その粒子の置換に相当する体積要素とが同等であることに配慮して $N!$ で割算したのであった．量子力学では同種粒子の特徴は波動関数の対称性として明確な形で現れ，これがまたエネルギー準位に際立った特徴を与える．

　粒子の座標を，その空間座標（あるいは運動量でもよい）およびそれ以外に必要な変数（例えばスピンの指定された方向への成分）まで含めて，q_i と書こう．N 粒子系の微視的状態は波動関数，

$$\Psi(q_1, q_2, q_3, \cdots, q_N) \tag{6.1}$$

で表される．この波動関数で2個の粒子，例えば1と2の変数を交換すると，一般に新しい波動関数，

$$\Psi(q_2, q_1, q_3, \cdots, q_N) \tag{6.2}$$

が得られる．しかし，もしこの2個の粒子が同一種のものであるならば，式（6.2）は式（6.1）が表す状態と同じ微視的状態

を表しているはずである．これが，粒子1と粒子2とが同一種だということの厳密な帰結である．量子力学では，波動関数に絶対値が1の複素定数が掛っても，同一の状態を表す．ゆえにこの2個の波動関数の間には，

$$\Psi(q_2, q_1, q_3, \cdots, q_N) = e^{ia}\Psi(q_1, q_2, q_3, \cdots, q_N) \quad (6.3)$$

の形の等式が成立していなければならない．

そこでこの両辺の波動関数において，もう1度，粒子1と2の変数を交換すると

$$\Psi(q_1, q_2, q_3, \cdots, q_N) = e^{ia}\Psi(q_2, q_1, q_3, \cdots, q_N) \quad (6.4)$$

が得られる．この右辺に式(6.3)を代入し，波動関数(6.1)は任意であったことを考慮すると，

$$(e^{ia})^2 = 1$$

を結論できる．したがってこの位相因子 e^{ia} は，

$$e^{ia} = \pm 1 \quad (6.5)$$

でなくてはならない．すなわち波動関数で同一種の粒子の座標を交換すると，$+1$ または -1 が掛るということになる．これはきわめて顕著な特性である．

この特性は時間が経過しても変らない．つまり"$+1$"の特性をもつ座標対はいつまでも，波動関数が時間変化しても，やはり"$+1$"である．"-1"の対もまた"-1"の特性が保たれる．それは次のようにして見ることができる．系のハミルトニアンを $\mathcal{H}(1, 2, 3, \cdots, N)$ と書くと，波動関数はシュレーディンガー方程式に従って時間発展する．

$$i\hbar \frac{\partial \Psi}{\partial t} = \mathcal{H}(1, 2, \cdots, N)\Psi(q_1, q_2, \cdots, q_N; t) \quad (6.6)$$

$\mathcal{H}$ につけた $1, 2, \cdots$ などは粒子の座標とかその微分演算子とかを表すものとする．式(6.6)はまた，

$$\Psi(q_1, q_2, \cdots, q_N; t+\mathrm{d}t) = \Psi(q_1, q_2, \cdots, q_N; t)$$
$$+ \frac{\mathrm{d}t}{i\hbar}\mathcal{H}(1, 2, \cdots, N)\Psi(q_1, q_2, \cdots; t) \quad (6.7)$$

と書ける．いまこの両辺で粒子1と2の座標を交換しよう．す

ると，
$$\Psi(q_2, q_1, \cdots ; t+dt) = \Psi(q_2, q_1, \cdots ; t)$$
$$+ \frac{dt}{i\hbar} \mathcal{H}(2, 1, \cdots) \Psi(q_2, q_1, \cdots ; t) \tag{6.8}$$
となるが，ハミルトニアンは，粒子1と2とが同一種ならば，その交換を行っても不変である．
$$\mathcal{H}(2, 1, \cdots) = \mathcal{H}(1, 2, \cdots) \tag{6.9}$$
この式 (6.9) および式 (6.3) を式 (6.8) の右辺に代入すると，
$$\Psi(q_2, q_1, \cdots ; t+dt) = e^{ia}\Psi(q_1, q_2, \cdots ; t)$$
$$+ \frac{dt}{i\hbar} \mathcal{H}(1, 2, \cdots) e^{ia}\Psi(q_1, q_2, \cdots ; t) \tag{6.10}$$
これと式 (6.7) とを比べると，
$$\Psi(q_2, q_1, \cdots ; t+dt) = e^{ia}\Psi(q_1, q_2, \cdots ; t+dt) \tag{6.11}$$
すなわち時刻 $t+dt$ においても，時刻 t の波動関数におけると同一の位相因子が掛る．

このことから，2個の同一種粒子の座標交換に対する"+1"または"−1"の性質は粒子に固有のものだということができる．これをその粒子の**統計** (statistics) といい，"+1"の性質を**ボース統計**，"−1"の性質を**フェルミ統計**とよぶ．ボース統計に従う粒子を**ボース粒子** (boson)，フェルミ統計に従う粒子を**フェルミ粒子** (fermion) とよぶ．

電子，陽子，中性子はフェルミ粒子である．電磁場の量子 (photon)，格子振動の量子 (phonon) はボース粒子である．この他，これらの粒子の複合体を1個の粒子と考えることができる場合も，この種別ができる．すなわち，フェルミ粒子が偶数個で構成している複合体はボース統計に従い，奇数個で構成している複合体はフェルミ統計に従う．この複合体を2個まるごと交換することは，その構成粒子を1組ずつ交換していって終了するのと同等である．後者の手続により，"−1"は構成フェルミ粒子の数だけ掛ることがわかるから，前記の統計性と構成粒子数の関係が結論される．例えば ^{4}He 原子は2個の陽子と2

個の中性子と2個の電子から構成されているのでボース統計に従い,^{3}He原子は2個の陽子と1個の中性子と2個の電子とから成るので,フェルミ統計に従う.

6.1.2 自由粒子系の基底状態

この統計性が重大な差異を生ずることを見るため,まず,自由粒子系の最低エネルギー状態,すなわち基底状態を調べてみよう.ハミルトニアンは,

$$\mathcal{H} = \sum_{i=1}^{N} \mathcal{H}_1(i) \tag{6.12}$$

である.$\mathcal{H}_1(i)$ は q_i の関数に作用する演算子であって,1粒子のハミルトニアンである.1粒子量子状態のエネルギー固有値 ε_l と固有関数 $\varphi_l(q)$ を求めるには,固有値方程式,

$$\mathcal{H}_1 \varphi_l(q) = \varepsilon_l \varphi_l(q) \tag{6.13}$$

を解けばよい.それが求まったものとしよう.量子数 l が異なる2個の固有関数は直交する.

$$\int \varphi_l{}^*(q)\, \varphi_{l'}(q)\, \mathrm{d}q = \delta_{ll'} \tag{6.14}$$

変数 q の種類によってはこの多重積分のある部分は和をとることになる.これをすべて $\int dq \cdots$ で表しておく.N 個の1粒子状態 $(l_1, l_2, \cdots, l_N)$ からつくった,

$$\Phi_1(q_1, q_2, \cdots, q_N) = \varphi_{l_1}(q_1)\varphi_{l_2}(q_2)\cdots\varphi_{l_N}(q_N) \tag{6.15}$$

は,ハミルトニアンの固有状態になっていて,その固有エネルギー E は,次の通りである.

$$E(l_1, l_2, \cdots, l_N) = \sum_{i=1}^{N} \varepsilon_{l_i} \tag{6.16}$$

さて全系の最低状態をつくるには,ε_l が最小の l(これを l_0 と書こう)を N 個使えばよいと考えられる.このときエネルギー (6.16) は $N\varepsilon_{l_0}$ となり,全系の波動関数 (6.15) は次のようになる.

$$\Phi_0(q_1, q_2, \cdots, q_N) = \varphi_{l_0}(q_1)\varphi_{l_0}(q_2)\cdots\varphi_{l_0}(q_N) \tag{6.17}$$

ところがこの関数は,その単純な構造からすぐわかるように,

任意の2座標,例えば q_1 と q_2 とを交換してももとの形のままである(積の順序を変えればよい).したがってこれは,前述の統計でいえば,ボース統計に従う粒子の波動関数である.フェルミ粒子系には式(6.17)の波動関数は許されない.フェルミ粒子系の最低状態をつくるには,φ_{l_0} だけでなく,他の φ_l も使わなければならない.したがって式(6.16)により,フェルミ粒子系の最低エネルギー固有値は,ボース粒子系のそれより高くなる.これをもっと詳細に調べよう.

まず式(6.15)で q_1 と q_2 を交換したもの,

$$\Phi_2(q_1, q_2, \cdots, q_N) \equiv \Phi_1(q_2, q_1, \cdots, q_N)$$
$$= \varphi_{l_1}(q_2)\varphi_{l_2}(q_1)\varphi_{l_3}(q_3)\cdots\varphi_{l_N}(q_N) \quad (6.18)$$

を見ると,これも式(6.15)と同じエネルギー(6.16)をもつハミルトニアン(6.12)の固有状態である.そこで,

$$\Phi_1 - \Phi_2 = [\varphi_{l_1}(q_1)\varphi_{l_2}(q_2) - \varphi_{l_1}(q_2)\varphi_{l_2}(q_1)]$$
$$\times \varphi_{l_3}(q_3)\varphi_{l_4}(q_4)\cdots\varphi_{l_N}(q_N) \quad (6.19)$$

をつくってみると,q_1 と q_2 との交換に関する限りフェルミ統計の要請を満足している.しかも同一のエネルギー(6.16)をもつ固有状態である.ここですぐわかるように,l_1 と l_2 とが同一だと式(6.19)が恒等的に消える.すなわちフェルミ統計に従う系の波動関数がつくれるためには,少くとも $l_1 \neq l_2$ でなくてはならない.この関係は量子数のどの対についてもいえるから,結局フェルミ統計に従うと,すべての量子数 l_i が互いに異なっていなくてはならない.これを**パウリの排他律**という.

すべての座標対についてフェルミ統計の要請を満足する波動関数をつくり上げるには,あらゆる対について上述の手続を積み重ねてゆけばよい.すなわち次のステップとして式(6.19)を出発点として,(1, 2) 以外の座標対について上の手続を行い,この結果を次の出発点として,さらに他の座標対について上の手続を行うというようにする.あるいはこれをまとめていえ

ば，式 (6.15) において $\{q_i\}$ のあらゆる順列 P をつくり，これに P の偶奇性に従って ± 1 を掛けて和をとっておけば，それが最終的な形だということになる．ただし順列の偶奇性とは，この順列を交換の積（積み重ね）として書いた場合の，交換数の偶奇のことである．

$$\Phi(q_1, q_2, \cdots, q_N) = \sum_P (-1)^P P \varphi_{l_1}(q_1) \varphi_{l_2}(q_2) \cdots \varphi_{l_N}(q_N) \tag{6.20}$$

あるいはもっと端的に，

$$\Phi(q_1, q_2, \cdots, q_N) = \begin{vmatrix} \varphi_{l_1}(q_1) & \varphi_{l_1}(q_2) & \cdots & \varphi_{l_1}(q_N) \\ \varphi_{l_2}(q_1) & \varphi_{l_2}(q_2) & \cdots & \varphi_{l_2}(q_N) \\ \cdots \\ \varphi_{l_N}(q_1) & \varphi_{l_N}(q_2) & \cdots & \varphi_{l_N}(q_N) \end{vmatrix} \tag{6.21}{}^{*)}$$

の形に書いておける．これを**スレーター行列式**とよぶ．これだと，2 個の座標の交換は，対応する 2 行の交換に等価であって，行列式の性質から，符号が変ることがひと目で明らかである．

式 (6.17) に対応させて，フェルミ粒子の場合の基底状態の波動関数をつくるには，1 粒子エネルギー ε_l の小さいものから順次選んで，N 個の互いに異なる l を用意し，その $\{\varphi_{l_i}(q_i)\}$ を使って式 (6.21) を構成することになる．だから全系のエネルギーは，式 (6.16) に従って，$N \varepsilon_{l_0}$ よりはるかに高くなる．

これまで全系の量子数として，1 粒子量子数を N 個並べてきたが，この代りに**占拠数表示**というやり方が好都合な場合もある．それは 1 粒子量子数を一定の順序（例えばエネルギーが増す順）に並べて席をつくっておき，波動関数に現れる 1 粒子状態の量子数をもつ席には 1 を，他の空席には 0 を書く．この数列を全系の状態の量子数とするのである．この数は占拠数とよぶことができる．量子数 l の 1 粒子状態の占拠数を N_l と書くと，N 粒子系の場合，

---

*) 関数 (6.21) を規格化するには $\sqrt{N!}$ で割っておけばよい．

$$\sum_l N_l = N \tag{6.22}$$

である．また全系のエネルギーが，

$$E\{N_l\} = \sum_l N_l \varepsilon_l \tag{6.23}$$

で与えられることも明らかであろう．

この表示法はボース粒子系の場合にも通用する．ボース統計の場合，式 (6.20) において偶奇性による符号 $(-1)^P$ の代りに，常に $+1$ を書けば，その座標交換に対する対称性が満足されることが，フェルミ粒子系の場合の考察を追跡してみるとわかる．したがってボース粒子系の場合，同一の1粒子量子状態が何度現れても，つまり何個の粒子に占められても，波動関数は構成できる．換言すると，占拠数 N_l は0および自然数のどれでも許される．N_l をこのような数にとれば，式 (6.22) および式 (6.23) は形式的にはそのまま成立する．

6.1.3 理想フェルミ気体の基底状態

N 個の同一種のフェルミ粒子があるときの全系のエネルギーを計算してみよう．まず考えるフェルミ粒子はスピン $1/2$ をもつものとしよう．粒子は1辺 L の立方体の箱に入っているとし，周期的境界条件をとれば，式 (2.100) により粒子の運動量は，

$$\boldsymbol{p} = \frac{2\pi\hbar}{L}(n_x, n_y, n_z), \quad n_x, n_y, n_z = 0, \pm 1, \pm 2, \cdots \tag{6.24}$$

である．スピン部分は，例えば z 軸方向のスピン成分 S_z の固有値 $\sigma = 1/2, -1/2$ がその量子数である[*]．したがって $l = (n_x, n_y, n_z\,;\sigma)$ と考えておけばよい．いま1粒子ハミルトニアン $\mathcal{H}_1$ は運動エネルギーだけだとすれば，

$$\varepsilon_l = \frac{\hbar^2}{2m}\left(\frac{2\pi}{L}\right)^2(n_x^2 + n_y^2 + n_z^2) \tag{6.25}$$

---

[*] 上向きスピンと下向きスピンとよぶことがある．

となって，スピン量子数 σ によらない．したがってスピン量子数をあらわに書き出さないとすれば，軌道状態 n_x, n_y, n_z は占拠数 $N(n_x, n_y, n_z)=0,1,2$ と考えておくことができる．

そうすると，全系の基底状態は，ε_l の小さい軌道，すなわち $n_x^2+n_y^2+n_z^2$ が小さいものから数えて $N/2$ 個選び出し，その各々に2個ずつ（上向きスピンのものと下向きスピンのものと）粒子を置いてゆけば得られる．また n_x, n_y, n_z を直交座標とする空間を考えることにすれば，表面の多少の出入りには目をつぶることとして，体積 $N/2$ の球を考えればよい．この空間で極座標を考え，球の半径を R とすれば，

$$\int_0^R 4\pi r^2 dr = \frac{4\pi}{3}R^3 = \frac{N}{2} \tag{6.26}$$

半径 r と $r+dr$ の球殻内にある量子数をもつ状態のエネルギーは式 (6.25) により，

$$\varepsilon_r = \frac{(2\pi\hbar)^2}{2mL^2}r^2 \tag{6.27}$$

であるから，全エネルギーはこのエネルギーをもつ占拠数すなわち，1粒子状態数 $4\pi r^2 dr$ の2倍を掛けて加え合せればよい．

$$\begin{aligned}E_0 &= 2\int_0^R \varepsilon_r 4\pi r^2 dr = 2\int_0^R \frac{(2\pi\hbar)^2}{2mL^2}r^2 4\pi r^2 dr \\ &= 8\pi \frac{(2\pi\hbar)^2}{2mL^2}\frac{R^5}{5}\end{aligned} \tag{6.28}$$

式 (6.26) から R を N で表し，式 (6.28) へ代入すると，

$$E_0 = \frac{8\pi}{5}\frac{(2\pi\hbar)^2}{2mL^2}\left(\frac{3N}{8\pi}\right)^{5/3} = N\frac{3}{5}\frac{(2\pi\hbar)^2}{2m}\left(\frac{3}{8\pi}\frac{N}{V}\right)^{2/3} \tag{6.29}$$

を得る．この表式で，

$$\varepsilon_F \equiv \frac{(2\pi\hbar)^2}{2m}\left(\frac{3}{8\pi}\frac{N}{V}\right)^{2/3} \tag{6.30}$$

に注目すると，これは，式 (6.27) で r を R とおき，式 (6.26) により R を消去して得られる表式と同じである．したがって ε_F は占拠された1粒子状態のエネルギーの最高値である．これを**フェルミエネルギー**とよぶ．またエネルギー $\varepsilon=\varepsilon_F$ の球面を**フェルミ面**とよぶ．

有限温度における量子統計を扱うには,粒子系を粒子数の変化する開いた系として扱うのが便利である.そこで,次節ではまず開いた系の熱力学,統計力学について述べることにする.

問　　題

6.1.1 ^{3}He は 3.2K で液化し,密度 $0.07\,\mathrm{g/cm^3}$ の液体になる.これをフェルミ粒子の理想気体と見なしてフェルミエネルギーを求め,温度に換算せよ.

6.1.2 中性子星はその 90% が中性子でできた,きわめて密度の高い星 ($\rho \simeq 10^{14\sim15}\,\mathrm{g/cm^3}$) である.全部が中性子だとしてフェルミエネルギーを求め,温度に換算せよ.

6.1.3 フェルミ粒子の理想気体の絶対零度における圧力について,

$$PV = \frac{2}{3}U$$

が成り立つことを示せ.

6.2 開いた系——化学ポテンシャル

6.2.1 開いた系の熱力学

すでに 2.1 節のはじめで,理想気体における分子の空間分布を調べた.全体積 V の中に N 分子の気体が熱平衡にあるとき,箱の中に考えの上で区切った体積 V_1 の部分に存在する分子数は,確率的に種々の値になるが,平均値は $\langle N \rangle = N \times V_1/V$ であり,それからのゆらぎはこれの平方根程度であって,N_1 が大きければ無視できる.

この同一の問題を熱力学的に論じてみよう.V_1 以外の容器内の空間の体積を V_2 とし,そこに存在する分子数を N_2 とすれば,

$$V_1 + V_2 = V \tag{6.31}$$

$$N_1 + N_2 = N \tag{6.32}$$

がそれぞれ一定である（設定により V_1, V_2 もそれぞれ一定である）．いま仮想的な束縛条件を加えて，分子分布を (N_1, N_2) に保ち熱平衡にしたとしよう．このとき温度は共通であり，その値 T は内部エネルギー U から式（2.51）によって定まる．ゆえに分布 (N_1, N_2) のいかんにかかわらず全系が孤立していて U が一定である限り温度は同一の T である．このとき両部分のエントロピーは式（2.39）により，

$$\begin{aligned} S_1 &= N_1 k_B \left(\frac{3}{2} \log \frac{4\pi m}{3} \frac{U}{N} + \log \frac{V_1}{N_1} \right) \\ S_2 &= N_2 k_B \left(\frac{3}{2} \log \frac{4\pi m}{3} \frac{U}{N} + \log \frac{V_2}{N_2} \right) \end{aligned} \tag{6.33}$$

で与えられるから，全系のエントロピーは，

$$\begin{aligned} S &= S_1 + S_2 \\ &= N_1 k_B \log \frac{V_1}{N_1} + N_2 k_B \log \frac{V_2}{N_2} + N \frac{3}{2} k_B \log \frac{4\pi m}{3} \frac{U}{N} \end{aligned} \tag{6.34}$$

となる．ここでエントロピーが各巨視的領域のエントロピーの和になることを用いた．

U と N を一定に保ったときの種々の分布 (N_1, N_2) でエントロピーを比較してみよう．この S の表式には極大がある．そこでは分布の微小変化 $(\delta N_1, \delta N_2)$ に対して $\delta S = 0$ でなくてはならない．

$$\delta S = k_B \left(\log \frac{V_1}{N_1} - 1 \right) \delta N_1 + k_B \left(\log \frac{V_2}{N_2} - 1 \right) \delta N_2 = 0 \tag{6.35}$$

しかし δN_1 と δN_2 とは独立に変化させることはできない．式（6.32）により

$$\delta N_1 + \delta N_2 = 0 \tag{6.36}$$

である．式（6.36）を式（6.35）に代入して，独立変数を δN_1 にとると，

$$\delta S = k_B \left(\log \frac{V_1}{N_1} - \log \frac{V_2}{N_2} \right) \delta N_1 = 0 \tag{6.37}$$

となる．この関係は任意の δN_1 について成立しなければならな

い．そのためにはその係数がゼロでなくてはならない．

$$\log \frac{V_1}{N_1} - \log \frac{V_2}{N_2} = 0$$

したがって，

$$\frac{N_1}{V_1} = \frac{N_2}{V_2} = \frac{N}{V} = n \tag{6.38}$$

である．すなわち，S が極大である分布では，任意に考えの上で区画した領域の内と外とで数密度が等しく，$N/V = n$ に等しい．これが実際極大であることを見るには，式（6.34）をこの分布 (nV_1, nV_2) のまわりにテイラー展開してみればよい．

$$S(N_1) = S_{\max} - \frac{1}{2} \frac{V}{V_1 V_2} \frac{1}{n} k_B (N_1 - nV_1)^2 + \cdots \tag{6.39}$$

したがって一様分布からはずれた分布 (N_1, N_2) に束縛して熱平衡に到達させた後，束縛を取り払ったとすると，孤立しているこの系は不可逆過程によって，一様分布 (nV_1, nV_2) に至り，そこで熱平衡になる．これ以上は変化しないというのが熱力学である．

しかし微視的立場から見るならば，分子は熱運動によって，考えの上で設けたにすぎない境界を通って，V_1 の中に入ってくるものもあるし，外へ出てゆくものもある．それゆえ V_1 の中の分子数 N_1 は熱平衡においても変動している．そのゆらぎの程度を見るには，式（6.39）を式（2.93）に代入すればよい．

$$W(N_1) = e^{S(N_1)/k_B} = e^{S_{\max}/k_B} \exp\left[-\frac{1}{2} \frac{V}{V_1 V_2} \frac{1}{n} (N_1 - nV_1)^2\right] \tag{6.40}$$

この $W(N_1)$ は，V_1 中の分子数を N_1 としたときの熱力学的重率である．今の場合，分布 (N_1, N_2) はすべてエネルギーが等しいので，分布 (N_1, N_2) が起る確率は $W(N_1)$ に比例する．したがって式（6.40）から，

$$\langle N_1 \rangle = nV_1$$
$$\langle (N_1 - \langle N_1 \rangle)^2 \rangle = \frac{V_1 V_2}{V} n = \frac{\langle N_1 \rangle \langle N_2 \rangle}{N} \tag{6.41}$$

がわかるが,これは式 (2.5), (2.7) に一致している.

この例の領域 V_1 のように,エネルギーだけでなく物質の出入りが許されている系を**開いた系**とよぶ.

それでは V の中に入っているのが一般の流体だったらどうか.もちろん今度も条件 (6.31) および (6.32) は成立する.このほかに全系のエネルギーは一定であり,かつそれは各部分系の和になっているから,

$$U_1 + U_2 = U \tag{6.42}$$

が一定という条件が成立している.これが理想気体の場合の等温条件の一般化である.この3つの条件のもとで,種々の分布 (N_1, N_2) に束縛したとき到達する熱平衡状態のエントロピー,

$$S = S(U_1, V_1, N_1) + S(U_2, V_2, N_2) \tag{6.43}$$

を比べて,それが極大の分布を求めるのが問題である.この極大の分布の近傍では,次の関係が成り立つ.

$$\delta S = \left(\frac{\partial S}{\partial U_1}\right)_{V_1 N_1} \delta U_1 + \left(\frac{\partial S}{\partial N_1}\right)_{V_1 U_1} \delta N_1 \\ + \left(\frac{\partial S}{\partial U_2}\right)_{V_2 N_2} \delta U_2 + \left(\frac{\partial S}{\partial N_2}\right)_{V_2 U_2} \delta N_2 = 0 \tag{6.44}$$

式 (6.32) と式 (6.42) とにより成立する関係,

$$\begin{aligned} \delta N_1 + \delta N_2 &= 0 \\ \delta U_1 + \delta U_2 &= 0 \end{aligned} \tag{6.45}$$

を式 (6.44) に代入すると,

$$\delta S = \left[\left(\frac{\partial S}{\partial U_1}\right)_{V_1 N_1} - \left(\frac{\partial S}{\partial U_2}\right)_{V_2 N_2}\right] \delta U_1 \\ + \left[\left(\frac{\partial S}{\partial N_1}\right)_{V_1 U_1} - \left(\frac{\partial S}{\partial N_2}\right)_{V_2 U_2}\right] \delta N_1 = 0 \tag{6.46}$$

が得られる.このとき δU_1, δN_1 は任意の微小量であるから $\delta S = 0$ が成立するためには,

$$\left(\frac{\partial S}{\partial U_1}\right)_{V_1 N_1} = \left(\frac{\partial S}{\partial U_2}\right)_{V_2 N_2} \tag{6.47}$$

$$\left(\frac{\partial S}{\partial N_1}\right)_{V_1 U_1} = \left(\frac{\partial S}{\partial N_2}\right)_{V_2 U_2} \tag{6.48}$$

が同時に成立しなければならない.

6.2 開いた系——化学ポテンシャル

　式（6.47）は両部分系の間で物質の出入りをとめ（N_1 一定），仕事によるエネルギーの出入りをとめ（V_1, V_2 一定）た上でのエネルギーの出入り，いい換えると熱の出入りに対する平衡条件である．式（6.47）は式（4.11）により，

$$\frac{1}{T_1} = \frac{1}{T_2} \tag{6.49}$$

を意味する．すなわち両部分系の温度が等しいことが，熱の出入りに関する平衡条件である．

　では式（6.48）の条件は何か．式（6.47）にならって解釈すると，これは仕事を禁止し，エネルギーの出入りをとめた上で，物質の出入りに対する平衡に必要な条件だということができる．注意すべきことは，物質の出入りに伴って一般にエネルギーの出入りがあるわけだが，今はこれを熱量によって補償し，エネルギーの出入りをとめている点である．以下で少し数学的な関係を調べよう．

　まず一般に $S(U, V, N)$ の全微分を考えよう．

$$dS = \left(\frac{\partial S}{\partial U}\right)_{VN} dU + \left(\frac{\partial S}{\partial V}\right)_{UN} dV + \left(\frac{\partial S}{\partial N}\right)_{UV} dN \tag{6.50}$$

式（4.11）によれば，これは，

$$dS = \frac{1}{T} dU + \frac{P}{T} dV + \left(\frac{\partial S}{\partial N}\right)_{UV} dN$$

あるいは，

$$dU = -P dV + T dS - T \left(\frac{\partial S}{\partial N}\right)_{UV} dN \tag{6.51}$$

と書ける．$F = U - TS$ であったから（式（5.5）），これはまた，

$$dF = -P dV - S dT - T \left(\frac{\partial S}{\partial N}\right)_{UV} dN \tag{6.52}$$

とも書ける．式（6.51），（6.52）から，

$$\left(\frac{\partial U}{\partial N}\right)_{VS} = -T\left(\frac{\partial S}{\partial N}\right)_{UV} = \left(\frac{\partial F}{\partial N}\right)_{VT} \equiv \mu \tag{6.53}$$

が成立することがわかる．この量 μ は示強性の量であって，全体系のスケールには依存しない．それを見るには，1個あたりの自由エネルギー，

$$f \equiv \frac{F}{N} \tag{6.54}$$

および1個あたりの体積,

$$v \equiv \frac{V}{N} = \frac{1}{n} \tag{6.55}$$

を用いて式 (6.53) の第3辺を次のように書き直す.

$$\mu = \left(\frac{\partial F}{\partial N}\right)_{VT} = \left(\frac{\partial F/V}{\partial N/V}\right)_{VT} = \left(\frac{\partial nf}{\partial n}\right)_T \tag{6.56}$$

最後の表式では, n も f も示強性の量だから, 一定に保つ変数として T だけ残しておけばよい. つまりこの表現では単位体積を考えているのである. この最後の微分表現を, n の代わりに $v \equiv 1/n$ を用いて展開すれば,

$$\mu = \frac{\partial nf}{\partial n} = -v^2 \frac{\partial}{\partial v}\left(\frac{f}{v}\right) = f - v\left(\frac{\partial f}{\partial v}\right)_T \tag{6.57}$$

となる. これに式 (5.7) をもち込めば,

$$\mu = f + Pv \tag{6.58}$$

を得る. μ が示強性であることはもちろん, それと自由エネルギーとの関係まで求まった. μ を**化学ポテンシャル**という.

平衡条件 (6.48) は式 (6.53) により,

$$-\frac{\mu_1}{T_1} = -\frac{\mu_2}{T_2} \tag{6.59}$$

に帰着する. さらにもう一方の平衡条件 (6.49) を考慮すれば, これは簡単に,

$$\mu_1 = \mu_2 \tag{6.60}$$

と書かれる. すなわち両部分の化学ポテンシャルが等しい.

式 (6.58) と式 (5.6) とから微分の関係,

$$d\mu = df + Pdv + vdP = vdP - sdT \tag{6.61}$$

が得られる. ここで $s = S/N$ は粒子1個あたりのエントロピーである. したがって化学ポテンシャル μ の自然な独立変数は (P, T) である.

独立変数をこうとると式 (6.60) は,

$$\mu(P_1, T_1) = \mu(P_2, T_2) \tag{6.60'}$$

を意味する．なぜなら今の場合，部分系1と2とは，分子の集合状態としては同一種であり，したがって化学ポテンシャルの関数形は同一であって，たかだか独立変数 (P, T) の値が異なりうるだけだからである．この結果に式 (6.49) を考慮すれば，式 (6.60′) から，

$$P_1 = P_2 \tag{6.62}$$

が出る．したがっていま考えているような，単純な開いた系の場合平衡条件が，両部分系の力学的平衡条件に相当する式 (6.62) と，両部分系間の熱の出入りの平衡条件に相当する式 (6.60) に結局帰着してしまった．これはいわば最初から自明なはずであった．しかし後で述べる相平衡の場合 (6.60) は新しい意味をもつ．式 (6.48) すなわち式 (6.60) は物質の出入りの平衡条件として，力学平衡の条件に帰着できない役目を果たすのである．

式 (6.58) の N 倍を G，すなわち，

$$G \equiv N\mu \tag{6.63}$$

と書けば，

$$G = F + PV \tag{6.64}$$

が得られる．G もやはり**自由エネルギー**とよぶ．F はヘルムホルツの自由エネルギー，G はギブズの自由エネルギーとよんで区別する．式 (6.63) と式 (6.61) とを使えば，

$$dG = Nd\mu + \mu dN = VdP - SdT + \mu dN \tag{6.65}$$

を得る．これと平行に式 (6.51)，式 (6.52) を再び書いておく．

$$dF = -PdV - SdT + \mu dN \tag{6.66}$$

$$dU = -PdV + TdS + \mu dN \tag{6.67}$$

6.2.2 開いた系の統計力学

開いた系の熱平衡の統計力学を 2.2 節にならって展開してみよう．すなわち1個の閉じた弧立巨大系（粒子数 N，エネルギー E）を，2個の部分系に分ける．ただし部分系2は部分系1に比べて圧倒的に大きく，今回は両部分系の間で熱のみならず粒子

の出入りがあるものとする．このとき部分系2は**熱粒子源**の役目を果すのである．

部分系1が粒子数 N_1 をもち，その量子状態 a が実現される確率 $P_{N_1 a}$ を求めよう．このとき部分系2，すなわち熱粒子源Rには粒子が $(N-N_1)$ 個存在し，そのエネルギーは $(E-E_a)$ である．それが実現される確率は全系の熱力学的重率に比例するのであるが，部分系1は (N_1, a) という量子状態にあるのだから，これは熱粒子源Rの熱力学重率 $W_R(N-N_1, E-E_a)$ に等しい．ゆえに次のように書ける．

$$P_{N_1 a} \propto W_R(N-N_1, E-E_a) \tag{6.68}$$

熱粒子源の規模はきわめて大きい，すなわち，

$$N \gg N_1, \quad E \gg E_a \tag{6.69}$$

と考えるから，式 (6.68) の右辺の対数をテイラー展開する．

$$\log W_R(N-N_1, E-E_a) = \log W_R(N, E)$$
$$- N_1 \frac{\partial}{\partial N} \log W_R(N, E) - E_a \frac{\partial}{\partial E} \log W_R(N, E) \cdots \tag{6.70}$$

ところで熱粒子源が N 個の粒子をもち，そのエネルギーが E であるときのエントロピーは式 (2.93) により，

$$S_R = k_B \log W_R(N, E) \tag{6.71}$$

である．ゆえに化学ポテンシャルを μ_R，温度を T_R とすると，式 (6.70) は，

$$k_B \log W_R(N-N_1, E-E_a) = S_R + \frac{\mu_R}{T_R} N_1 - \frac{1}{T_R} E_a \tag{6.72}$$

と書ける．したがって式 (6.68) は，

$$P_{N_1 a} \propto \exp\left[\frac{1}{k_B T}(\mu_R N_1 - E_a)\right] \tag{6.73}$$

の形をしていることが判明した．これが答である．規格化は**大きい状態和**（grand partition function），

$$\Xi(T, \mu) = \sum_{N_1}^{\infty} \sum_a \exp \beta(\mu N_1 - E_a) \tag{6.74}$$

を求めて，

6.2 開いた系——化学ポテンシャル

$$P_{N_1 a} = \frac{1}{\varXi} \exp \beta(\mu N_1 - E_a) \tag{6.75}$$

と書けばよい．ただし μ_R, T_R の添字 R を落して書いた．式 (6.75) を**大正準分布** (grand canonical distribution) とよぶ．

正準分布では粒子数が定まっていた．粒子数が N_1 の系の量子状態を量子数 a で示すと，状態和は，

$$Z_{N_1} = \sum_a e^{-\beta E_a} \tag{6.76}$$

であったから，式 (6.74) はまた，

$$\varXi = \sum_{N_1} e^{\beta \mu N_1} Z_{N_1} \tag{6.77}$$

とも書ける．式 (6.75) を参照するとわかるように，粒子数 N_1 が実現する確率 P_{N_1} は，

$$P_{N_1} = \sum_a P_{N_1 a} = \frac{e^{\beta \mu N_1} Z_{N_1}}{\varXi} \tag{6.78}$$

で与えられる．これを用いると，部分系 1 に属する粒子数 N_1 の平均値と，ゆらぎの 2 乗平均に対する次の公式を導くことができる．(問題 6.2.1)

$$\langle N_1 \rangle = \frac{1}{\beta} \frac{\partial}{\partial \mu} \log \varXi \tag{6.79}$$

$$\langle (N_1 - \langle N_1 \rangle)^2 \rangle = \frac{1}{\beta^2} \frac{\partial^2}{\partial \mu^2} \log \varXi \tag{6.80}$$

この 2 式を組み合せると，

$$\langle (N_1 - \langle N_1 \rangle)^2 \rangle = \frac{1}{\beta} \frac{\partial}{\partial \mu} \langle N_1 \rangle \tag{6.81}$$

が得られる．β, μ は示強性，$\langle N_1 \rangle$ は示量性の量であるから右辺は示量性である．したがってゆらぎの幅は $\sqrt{\langle N_1 \rangle}$ の程度になる．このことは，$\varXi$ の展開式 (6.77) において，N_1 が $\langle N_1 \rangle \pm \sqrt{\langle N_1 \rangle}$ の範囲に入っている項が圧倒的に大きい寄与をしていることを示している．そこで，$\langle N_1 \rangle$ が巨視的に大きい場合，式 (6.77) を，

$$\varXi \simeq C e^{\beta \mu N} Z_N \tag{6.82}$$

と評価することができよう．ただし $\langle N_1 \rangle$ は単に N と書いた．

また C は $\sqrt{N}$ の程度の数である．この対数をとって，式 (6.63) および式 (5.14) を用いると，

$$k_B \log \varXi = \frac{\mu N}{T} + k_B \log Z_N = \frac{1}{T}(G-F) \tag{6.83}$$

が得られる．ただし $\log C \sim \log N$ を N に比較して省略した．式 (6.64) により式 (6.83) は，次のように書くことができる．

$$k_B T \log \varXi = PV \tag{6.84}$$

注意 粒子源と着目している系との複合系が温度 T の熱源に接しているとすれば，全粒子 N 個が粒子源に属しているときの状態和は $Z_R(N)$，$N-N_1$ 個の粒子が粒子源に属し，N_1 個の粒子が着目系に配分されて量子状態 a をとっているときの状態和は $Z_R(N-N_1)e^{-E_a/k_B T}$ と書ける．この状態の確率比は式 (5.14) により，

$$Z_R(N) : Z_R(N-N_1)e^{-E_a/k_B T} = e^{-F_R(N)/k_B T} : e^{-[F_R(N-N_1)+E_a]/k_B T} \tag{6.85}$$

で与えられるが，いま $N \gg N_1$ と考えてテイラー展開により，

$$F_R(N) - F_R(N-N_1) \simeq \frac{\partial F_R}{\partial N}N_1 = \mu_R N_1$$

ととれば（式 (6.53) 参照），式 (6.73) が得られる．

問　題

6.2.1 本文中の式 (6.79)，(6.80) の関係を証明せよ．

6.2.2 物質の出入りがあるときの安定平衡の条件を 4.1.2 項にならって論じ，

$$\left(\frac{\partial P}{\partial n}\right)_T > 0$$

となることを証明せよ．ただし $n=N/V$ は粒子密度である．

6.2.3 2種の理想気体（粒子数 N_1, N_2）がそれぞれ壁で隔てた体積 V_1, V_2 の箱に入っている．圧力と温度はともに P, T である．壁を取り去ると，両気体は拡散して混合し，再び熱平衡に達する．このときのエントロピーの変化を求めよ．

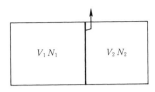

6.3 量子気体

6.3.1 量子統計分布

6.1節において,フェルミ統計またはボース統計に従う自由粒子系の量子状態を占拠数表示で記述することを述べた.量子数 l の1粒子状態の占拠数を N_l と書くと,N 粒子系の場合,全粒子数 N,全エネルギーが式 (6.22),(6.34) のように,

$$N = \sum_l N_l \tag{6.86}$$

$$E = \sum_l N_l \varepsilon_l \tag{6.87}$$

で与えられる.ε_l は1粒子量子状態 l のエネルギーである.フェルミ統計なら $N_l=0$ または 1,ボース統計なら $N_l=0, 1, 2, \cdots$ などすべての自然数がとれる.

この理想量子気体の熱力学的性質を調べるには,標準的な方法 (5.1節) に従って状態和,

$$Z_N = \sum_{\sum N_l = N} \exp(-\beta \sum_l N_l \varepsilon_l) \tag{6.88}$$

を求めればよい.和は,$\sum_l N_l = N$ の条件に従い,かつそれぞれの統計で許される $\{N_l\}$ についてとるのである.このままではこの和を実行することは難しい.そこで式 (6.77) にしたがって大きい状態和をつくってみる.

$$\Xi = \sum_N e^{\beta \mu N} Z_N = \sum_N \sum_{\sum N_l = N} \exp\left[\beta\left(N\mu - \sum_l N_l \varepsilon_l\right)\right] \tag{6.89}$$

この形をさらに,

$$\varXi = \sum_N \sum_{\Sigma N_l = N} \exp\left[\beta \sum_l N_l(\mu - \varepsilon_l)\right] \tag{6.90}$$

のように書くと，まず $\sum_l N_l = N$ の条件のもとに和をとり，次に N について和をとるという手続を，各々の N_l について独立に和をとるという手続に変えることができる．そうすると $\varXi$ は，

$$\varXi = \prod_l \sum_{N_l} e^{\beta N_l(\mu - \varepsilon_l)} \equiv \prod_l \varXi_l \tag{6.91}$$

ただし，

$$\varXi_l = \sum_{N_l} e^{\beta N_l(\mu - \varepsilon_l)} \tag{6.92}$$

のように，各1粒子量子数 l に関する因数 $\varXi_l$ に分解されてしまう．

形の上で見ると，$\varXi_l$ は1粒子状態 l を着目系とし，これが熱粒子源 (β, μ) に接している場合の大きい状態和である．$\langle N_l \rangle$ がその占拠数の平均値，$\langle (N_l - \langle N_l \rangle)^2 \rangle$ がそのゆらぎの2乗平均である．これは式 (6.79)，(6.80) と同様に，

$$\begin{aligned}\langle N_l \rangle &= \frac{1}{\beta} \frac{\partial}{\partial \mu} \log \varXi_l \\ \langle (N_l - \langle N_l \rangle)^2 \rangle &= \frac{1}{\beta^2} \frac{\partial^2}{\partial \mu^2} \log \varXi_l \end{aligned} \tag{6.93}$$

により算出できる．$\varXi_l$ の計算は各統計別に行う．

フェルミ統計の場合，$N_l = 0, 1$ であるから式 (6.92) は，

$$\varXi_l = 1 + e^{\beta(\mu - \varepsilon_l)} \tag{6.94}$$

となる．

ボース統計の場合，$N_l = 0, 1, 2, \cdots$ であるから，

$$\varXi_l = 1 + e^{\beta(\mu - \varepsilon_l)} + e^{2\beta(\mu - \varepsilon_l)} + \cdots = [1 - e^{\beta(\mu - \varepsilon_l)}]^{-1} \tag{6.95}$$

となる．ただしこの和が収束するためには $\varepsilon_l > \mu$ でなくてはならない．式 (6.94) と式 (6.95) をまとめて，

$$\varXi_l = [1 \pm e^{\beta(\mu - \varepsilon_l)}]^{\pm 1} \tag{6.96}$$

と書いておくことにしよう．複号は同順で，上の符号がフェルミ統計，下の符号がボース統計に対応する．以下まとめて示す

場合，この約束に従うことにしよう．

式 (6.93) に従って平均値とゆらぎの 2 乗平均を算出すると，簡単な計算で，

$$\langle N_l \rangle = \frac{1}{e^{\beta(\varepsilon_l - \mu)} \pm 1} \tag{6.97}$$

$$\langle (N_l - \langle N_l \rangle)^2 \rangle = \langle N_l \rangle (1 \mp \langle N_l \rangle) \tag{6.98}$$

を得る．式 (6.97) はまた，直接，式 (6.94)，(6.95) から書き下すことができる．フェルミ統計の場合，$N_l = 0$ と $N_l = 1$ の確率の比は $1 : e^{\beta(\mu - \varepsilon_l)}$ であるから，

$$\langle N_l \rangle = \frac{0 \times 1 + 1 \times e^{\beta(\mu - \varepsilon_l)}}{1 + e^{\beta(\mu - \varepsilon_l)}}$$

ボース統計の場合 $N_l (N_l = 0, 1, 2, \cdots)$ である相対確率が $e^{N_l \beta(\mu - \varepsilon_l)}$ であることを用いて同様に求まる．

ここで次の点に注意したい．着目している系が熱粒子源に接しているという観点からは，式 (6.86) の両辺を平均した表式に式 (6.97) を代入すると，

$$\langle N \rangle = \sum_l \frac{1}{e^{\beta(\varepsilon_l - \mu)} \pm 1} \tag{6.99}$$

を得る．これが，平均全粒子数 $\langle N \rangle$ を β と μ の関数として与える．逆に全粒子数 N が与えられたときは，この関係によって μ を β と N の関数として定めることができる．

全粒子数 (6.86) のゆらぎの 2 乗平均は，各量子状態の占拠数のゆらぎが独立に起るので，それぞれのゆらぎの 2 乗平均の和になる．

$$\begin{aligned}
\langle (N - \langle N \rangle)^2 \rangle &= \sum_l \sum_{l'} \langle (N_l - \langle N_l \rangle)(N_{l'} - \langle N_{l'} \rangle) \rangle \\
&= \sum_l \langle (N_l - \langle N_l \rangle)^2 \rangle \\
&= \sum_l \langle N_l \rangle (1 \mp \langle N_l \rangle) \tag{6.100}
\end{aligned}$$

表式 (6.98) が示すように，各 1 粒子状態の占拠数のゆらぎは 2 つの統計によって差がある．すなわちフェルミ統計の場合 $\langle N_l \rangle$ より小さく，ボース統計の場合 $\langle N_l \rangle$ より大きい．詳しく

いうなら，フェルミ統計の場合因子 $1-\langle N_l \rangle$ が示すように，占拠数の平均 $\langle N_l \rangle$ がゆらぎを押える．特に $\langle N_l \rangle = 1$ とするとこの因子が消え，ゆらぎが完全に押えられた形になるが，これはパウリの排他律の表現である．他方ボース統計の場合，因子 $1+\langle N_l \rangle$ はゆらぎを助ける形になっている．

しかし，すべての 1 粒子量子状態について $\langle N_l \rangle \ll 1$ であると，統計の差異は現れなくなる．この場合を**ボルツマン統計**とよぶことがある．これは後述するように高温，または希薄な気体で実現する．ボルツマン統計の場合，式 (6.98) は，

$$\langle (N_l - \langle N_l \rangle)^2 \rangle \simeq \langle N_l \rangle \tag{6.101}$$

に，また式 (6.100) は，

$$\langle (N - \langle N \rangle)^2 \rangle \simeq \langle N \rangle \tag{6.102}$$

に帰着する．

さてボルツマン統計の条件 $\langle N_l \rangle \ll 1$ はすなわち $e^{\beta(\varepsilon_l - \mu)} \gg 1$ であり，この不等式がすべての量子状態 l について成立しなければならない．そのとき占拠数は，

$$\langle N_l \rangle \simeq e^{\beta(\mu - \varepsilon_l)} \tag{6.103}$$

で与えられる．この値が l のいかんによらず 1 に比べて小さいためには，

$$e^{\beta \mu} \ll 1 \tag{6.104}$$

でなくてはならない．すなわち化学ポテンシャル μ は負であって，その絶対値 $|\mu|$ は T に比べてきわめて大きくなくてはならない．

式 (6.97) の ε_l を連続変数 ε でおき換えた関数，

$$f(\varepsilon) = \frac{1}{e^{\beta(\varepsilon - \mu)} \pm 1} \tag{6.105}$$

について，そのふるまいを調べよう．これを**フェルミ分布関数**あるいは，**ボース分布関数**とよぶ．

まずフェルミ分布関数では，

$$f_\mathrm{F}(\varepsilon) \leq 1 \tag{6.106}$$

は明らかである．これはパウリの排他律が成立しているから，

当然である．次に，

$$f_{\rm F}(\mu) = \frac{1}{2} \tag{6.107}$$

そこで，

$$f_{\rm F}(\varepsilon) - \frac{1}{2} = -\frac{1}{2}\frac{e^{\beta(\varepsilon-\mu)/2} - e^{-\beta(\varepsilon-\mu)/2}}{e^{\beta(\varepsilon-\mu)/2} + e^{-\beta(\varepsilon-\mu)/2}} \tag{6.108}$$

と書き下してみると，$(\varepsilon, f_{\rm F}(\varepsilon))$ のグラフは $(\mu, 1/2)$ を中心にして反対称になっている（図 6.1）．$T \to 0$，したがって $\beta \to \infty$ とともにこの関数は階段関数に近づく．これが 6.1 節で述べた基底状態における分布である．有限温度では化学ポテンシャルに近い ε の部分が崩れているが，その部分の幅は $|\varepsilon - \mu| \lesssim k_{\rm B}T$ と考えてよい．

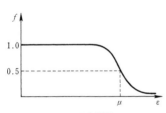

図 6.1 フェルミ分布関数 **図 6.2** ボース分布関数

ボース分布関数はもっと単純なふるまいを示す（図 6.2）．ただ $\varepsilon \to \mu + 0$ とともに $1/(\varepsilon - \mu)$ のように発散するのが特徴である．前にも触れたように，ボース統計の分布は $\varepsilon > \mu$ でなければ意味がない．これはエネルギースペクトル ε が与えられたとき，μ がとりうる値の範囲を示しているわけである．

一辺 L の立方体の箱に自由粒子が N 個入っている理想気体について，周期的境界条件のもとで具体的に計算を進めてみよう．式 (2.100) により，

$$p_i = \frac{2\pi\hbar}{L}n_i, \qquad n_i = 0, \pm 1, \pm 2, \cdots \tag{6.109}$$

であるから，軌道量子数 n_i についての和を積分で近似することにすれば，これは次の関係により運動量についての積分に書

き直せる.

$$dn_i = \frac{L}{2\pi\hbar} dp_i, \qquad i = x, y, z \tag{6.110}$$

まずボルツマン統計を扱うことにして，式 (6.86), (6.103) から μ を N の関数として定めてみよう．

$$\begin{aligned}
N &= \sum_l e^{\beta(\mu-\varepsilon_l)} \\
&= (2s+1) \sum_{n_x}\sum_{n_y}\sum_{n_z} \exp\beta\left[\mu - \frac{1}{2m}\left(\frac{2\pi\hbar}{L}\right)^2(n_x^2+n_y^2+n_z^2)\right] \\
&= (2s+1)\frac{V}{(2\pi\hbar)^3}\iiint dp_x dp_y dp_z e^{\beta(\mu-p^2/2m)}
\end{aligned} \tag{6.111}$$

ただし $(2s+1)$ は，大きさ s のスピンの Z 成分について和をとったため出てきた因子であり，$V = L^3$ は箱の体積である．積分変数を p についての極座標に変え，さらにエネルギー変数 $\varepsilon = p^2/2m$ についての積分に直す.

$$N = (2s+1)\frac{V \cdot 2\pi(2m)^{3/2}}{(2\pi\hbar)^3} \int_0^\infty d\varepsilon \sqrt{\varepsilon}\, e^{\beta(\mu-\varepsilon)} \tag{6.112}$$

$$= \int_0^\infty d\varepsilon D(\varepsilon) e^{\beta(\mu-\varepsilon)} \tag{6.112'}$$

ただし $D(\varepsilon)$ は，1粒子量子状態でそのエネルギーが ε と $\varepsilon + d\varepsilon$ の間にあるものの数が $D(\varepsilon)d\varepsilon$ であるとして定義された関数であって, (1粒子)**状態密度**とよばれる．スピン s の自由粒子の場合には式 (6.112) のように,

$$D(\varepsilon) = (2s+1)\frac{V \cdot 2\pi(2m)^{3/2}}{(2\pi\hbar)^3}\sqrt{\varepsilon} \tag{6.113}$$

で与えられる.

さて式 (6.112) の積分は $(\sqrt{\pi}/2\beta^{3/2})e^{\beta\mu}$ を与える．したがってこの関係は,

$$\begin{aligned}
e^{\beta\mu} &= \frac{1}{2s+1}\frac{N}{V}\left(\frac{2\pi\hbar}{\sqrt{2\pi m k_B T}}\right)^3 \\
&= \frac{1}{2s+1}\frac{\lambda_T^3}{V/N}
\end{aligned} \tag{6.114}$$

と書ける．λ_T は式 (5.38) で定義したド・ブロイ（熱）波長である.

ゆえに式 (6.104) の条件は,

$$\lambda_T \ll \left(\frac{V}{N}\right)^{1/3} \tag{6.115}$$

と書くことができる．すなわち，熱運動のド・ブローイ波長に比べて原子間隔が十分大きいことが，統計性の差異が効いてこないための条件なのである．これと同じ条件について，すでに 5.2 節で触れた．

このボルツマン統計が成立するときは，式 (6.114) を式 (6.111) に代入して，

$$N = \int N\left(\frac{\lambda_T}{2\pi\hbar}\right)^3 e^{-\beta p^2/2m} \mathrm{d}^3\boldsymbol{p} \tag{6.116}$$

を得る．この右辺の被積分項 $\times \mathrm{d}^3\boldsymbol{p}$ が, $\boldsymbol{p}$ のまわり $\mathrm{d}^3\boldsymbol{p}$ の運動量をもつ粒子数を与える表式である．これを**マクスウェル分布**とよぶ．

6.3.2 理想フェルミ気体

次に具体的な計算でフェルミ統計を取り扱おう．ボルツマン統計の場合の, 式 (6.111), (6.112) と同様に, 式 (6.99) は,

$$N = \int_0^\infty \mathrm{d}\varepsilon\, D(\varepsilon)\frac{1}{e^{\beta(\varepsilon-\mu)}+1} = \int_0^\infty \mathrm{d}\varepsilon\, D(\varepsilon) f(\varepsilon) \tag{6.117}$$

と書かれる．同様に l の和を積分に直せば，式 (6.87) の平均は,

$$U = \int_0^\infty \mathrm{d}\varepsilon\, \varepsilon D(\varepsilon) f(\varepsilon) \tag{6.118}$$

を与える．$f(\varepsilon)$ が前述のように階段関数的な性質をもっていることを利用して, $k_\mathrm{B} T \ll \varepsilon_\mathrm{F}$ の場合の近似式を出してみよう．それにはエネルギーが ε 以下の量子状態の総数を与える関数,

$$\bar{D}(\varepsilon) = \int_0^\varepsilon \mathrm{d}\varepsilon'\, D(\varepsilon') \tag{6.119}$$

を導入して, 式 (6.117) を部分積分する.

$$\int_0^\infty \mathrm{d}\varepsilon\, D(\varepsilon) f(\varepsilon) = \bar{D}(\varepsilon) f(\varepsilon)\Big|_0^\infty - \int_0^\infty \mathrm{d}\varepsilon\, \bar{D}(\varepsilon) f'(\varepsilon) \tag{6.120}$$

右辺第 1 項は消える．$\varepsilon = 0$ では f が有限, $\bar{D}$ がゼロであり, $\varepsilon = \infty$ では f が指数関数的にゼロになり, べき関数的に増大す

る $\bar{D}$ に勝って消える.右辺第2項の $-f'(\varepsilon)$ は $\varepsilon=\mu$ を中心として対称な単一の山をもつ.これは前述のように $f(\varepsilon)$ が $\varepsilon=\mu$ を中心に,反対称な階段関数的であることに由来する.この $f'(\varepsilon)$ の山は $k_\mathrm{B}T$ の程度の広がりをもっていて,$T\to 0$ とともに δ 関数的(47ページ脚注参照)になる.$k_\mathrm{B}T$ が ε_F に比べて小さければ,これに近い性質をもつ.

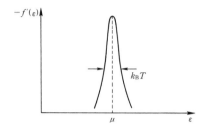

図6.3 フェルミ分布関数の微分

そこでこれに掛ける関数 $\bar{D}(\varepsilon)$ がゆるやかに変化するものであれば,その $\varepsilon=\mu$ における値,あるいはそれからのわずかな変化分を考慮すればよいであろう.そこで $\bar{D}(\varepsilon)$ をテイラー展開した,

$$\bar{D}(\varepsilon) = \bar{D}(\mu) + D(\mu)(\varepsilon-\mu) + \frac{1}{2}D'(\mu)(\varepsilon-\mu)^2 + \cdots \tag{6.121}$$

を式 (6.120) の積分に入れると,

$$N = \bar{D}(\mu)\int_0^\infty d\varepsilon[-f'(\varepsilon)] + D(\mu)\int_0^\infty d\varepsilon(\varepsilon-\mu)[-f'(\varepsilon)]$$
$$+ \frac{1}{2}D'(\mu)\int_0^\infty d\varepsilon(\varepsilon-\mu)^2[-f'(\varepsilon)] + \cdots \tag{6.122}$$

となる.第1項の積分は1となる.次の第2項,第3項の積分の下限は実際は $\varepsilon=0$ であるが,山が鋭い($k_\mathrm{B}T\ll\varepsilon_\mathrm{F}$)ので $\varepsilon=-\infty$ と考えてもよい.そうすれば右辺第2項は被積分関数が中心 μ のまわりに反対称であるため積分がゼロになる.第3項の積分は $-f'(\varepsilon)$ の山の2乗偏差に相当する.$\beta(\varepsilon-\mu)=x$ とおくと,積分は,

$$\int_{-\infty}^{\infty}\frac{\mathrm{d}x}{\beta}\frac{x^2}{\beta^2}\frac{\beta e^x}{(e^x+1)^2}=\frac{1}{\beta^2}\int_{-\infty}^{\infty}\frac{e^x x^2}{(e^x+1)^2}\mathrm{d}x$$

となり,これは T^2 に比例する.この定積分は $\pi^2/3$ になるので,結局,

$$N = \bar{D}(\mu) + \frac{\pi^2}{6}D'(\mu)(k_B T)^2 + \cdots \qquad (6.123)$$

を得る.一方 $T=0$ では $\mu=\varepsilon_F$ であり,

$$N = \bar{D}(\varepsilon_F) = \frac{2}{3}\varepsilon_F D(\varepsilon_F) \qquad (6.124)$$

が成立する.ただし最後の形は式 (6.113) によって $D \propto \sqrt{\varepsilon}$ であることを用いた.したがってこの2式の差をとると,

$$0 = \bar{D}(\mu) - \bar{D}(\varepsilon_F) + \frac{\pi^2}{6}D'(\mu)(k_B T)^2 + \cdots \qquad (6.125)$$

μ は ε_F に近いから,第1項 $\bar{D}(\mu)$ を $\mu=\varepsilon_F$ のまわりにテイラー展開して $\bar{D}(\mu) = \bar{D}(\varepsilon_F) + D(\varepsilon_F)(\mu-\varepsilon_F) + \cdots$ とする.また T^2 の項はこの補正項になるから,その係数 $D'(\mu)$ で μ を ε_F でおき換えると,式 (6.125) から,次式を得る.

$$\mu = \varepsilon_F - \frac{\pi^2}{6}\frac{D'(\varepsilon_F)}{D(\varepsilon_F)}(k_B T)^2 + \cdots \qquad (6.126)$$

まったく同様なやり方で式 (6.118) を処理すると,式 (6.123) に対応して,

$$U = \int_0^{\mu}\mathrm{d}\varepsilon\,\varepsilon D(\varepsilon) + \frac{\pi^2}{6}\frac{\partial}{\partial \mu}[\mu D(\mu)](k_B T)^2 + \cdots \qquad (6.127)$$

を得る.第2項の係数は $\mu=\varepsilon_F$ での値をとり,第1項の μ には式 (6.126) を用いると,

$$U = U_0 + \frac{\pi^2}{6}D(\varepsilon_F)(k_B T)^2 + \cdots \qquad (6.128)$$

が得られる.ただし,

$$U_0 = \int_0^{\varepsilon_F}\mathrm{d}\varepsilon\,\varepsilon D(\varepsilon) \qquad (6.129)$$

は基底状態のエネルギーである.ここで,式 (6.113) のように $D(\varepsilon) \propto \sqrt{\varepsilon}$ であることと式 (6.124) を用いると,このエネルギー U_0 は,

$$U_0 = \frac{2}{5}\varepsilon_F^2 D(\varepsilon_F) = \frac{3}{5}\varepsilon_F N \tag{6.129'}$$

と計算される．これはすでに求めた式 (6.29) に一致する．これから，基底状態の場合，1粒子あたりの平均エネルギーは $3\varepsilon_F/5$ であることがわかる．式 (6.128) の U も，次の形に書くことができる．

$$U = U_0 \left[1 + \frac{5\pi^2}{12}\left(\frac{k_B T}{\varepsilon_F}\right)^2 + \cdots \right] \tag{6.130}$$

この内部エネルギーの表式は，温度に依存する第2項について，次のように見ることができる．運動量空間で $\varepsilon = \mu$ の面をフェルミ面とよぶが，これが温度上昇とともに基底状態の純粋な階段型からぼやけてくる．このぼやけはエネルギーの深さで $k_B T$ の程度の表層部で起る．それゆえ温度 T で実際有効な電子，すなわち熱運動を行って生きている電子の数は $D(\varepsilon_F)k_B T$ 個程度である．これらの電子がエネルギー等分配の法則に従って，1粒子あたり $k_B T$ だけのエネルギーの配分を受けるとすれば，$D(\varepsilon_F)(k_B T)^2$ 程度の内部エネルギーの増加分が出てくる．これが式 (6.128) 右辺の第2項である．こうしてフェルミ統計により，フェルミ面から深いところの量子状態にある粒子は，熱運動の観点からすれば死んでしまっている．このような現象は量子統計力学の特徴の1つであった．

式 (6.130) より，低温における理想フェルミ気体の1モルあたりの熱容量（モル比熱）は，

$$C = \frac{1}{2}N_A \pi^2 k_B \left(\frac{k_B T}{\varepsilon_F}\right) \tag{6.131}$$

となる．このような温度 T に比例する熱容量は金属電子について測定されている．

金属には各原子から離れて金属内を自由に動きまわっている電子（伝導電子）がある．電子はクーロン力で反発し合っており，理想気体ではない．しかし，その性質はフェルミ粒子の理想気体と見なすことによっておよそ説明することができる．銅の場合，伝導電子は原子あたり1個で，電子の数密度はおよそ

$N/V \simeq 8 \times 10^{28} \mathrm{m}^{-3}$ である.電子の質量を $m \simeq 0.9 \times 10^{-30}$ kg として,式 (6.30) によりフェルミエネルギーを見積ると,

$$\varepsilon_\mathrm{F} \simeq 1.1 \times 10^{-18} \mathrm{J}$$

を得る.ボルツマン定数で割ると,

$$\frac{\varepsilon_\mathrm{F}}{k_\mathrm{B}} \simeq 8 \times 10^4 \mathrm{K}$$

である.常温でも $k_\mathrm{B} T \ll \varepsilon_\mathrm{F}$ の条件は十分に成り立っている.したがって,比熱は式 (6.131) で与えられる.

金属の熱容量には格子振動と伝導電子が寄与すると考えられる.しかし,実験によると,金属でも常温ではデューロン-プティの法則 (5.81) が成り立ち,伝導電子は比熱に寄与していないように見える(図 5.3).これは,上に述べた事情で,電子の比熱が常温でも量子効果により小さくなっているためと考えられる.$T \to 0$ のとき,格子振動の比熱は T^3 に比例して減少する(式 (5.113))から,十分に低温では電子の比熱の方が大きくなり,測定できるようになる.実際,低温での測定により,T に比例する電子比熱の存在が確かめられている.

6.3.3 理想ボース気体

次にボース統計の場合について具体的計算を行う.1粒子状態密度 (6.113)(ただし $s=0$ と選ぶ.これは,例えば $^4\mathrm{He}$ がそうである.)と式 (6.105) を使えば,式 (6.99) は,

$$N = \int_0^\infty \mathrm{d}\varepsilon\, D(\varepsilon) \frac{1}{e^{\beta(\varepsilon-\mu)}-1} \tag{6.132}$$

$$= V \frac{2\pi (2m)^{3/2}}{(2\pi\hbar)^3} \int_0^\infty \frac{\sqrt{\varepsilon}}{e^{\beta(\varepsilon-\mu)}-1} \mathrm{d}\varepsilon \tag{6.132'}$$

と書ける.さらに変数 ε とパラメーター μ を,

$$\beta\varepsilon = \frac{\varepsilon}{k_\mathrm{B}T} \equiv y, \qquad -\beta\mu = -\frac{\mu}{k_\mathrm{B}T} \equiv \alpha \tag{6.133}$$

にとると,これは,

$$N = V\left[\frac{2\pi m k_\mathrm{B} T}{(2\pi\hbar)^2}\right]^{3/2} F_{3/2}(\alpha) = \frac{V}{\lambda_T^3} F_{3/2}(\alpha) \tag{6.134}$$

となる.ここに,

$$F_\sigma(\alpha) \equiv \frac{1}{\Gamma(\sigma)} \int_0^\infty \frac{y^{\sigma-1}}{e^{y+\alpha}-1} dy \tag{6.135}$$

である.エネルギースペクトルの最低値は $\varepsilon=0$ であるから,前にも述べたように $\mu<0$, したがって $\alpha>0$ でなくてはならない.図6.4にここで必要な $F_\sigma(\alpha)$ を示してある.α, したがって μ は与えられた T と N/V に対して式 (6.134) が成立するように選んでやればよい,ということになる.

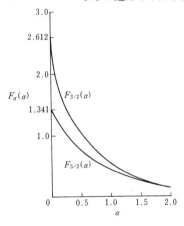

図6.4 関数 $F_\sigma(\alpha)$ ($\sigma=3/2, 5/2$) の α 依存性

ところが $F_\sigma(\alpha)$ はいずれも $\alpha=0$ で有限な最大値をとる.例えば,

$$F_{3/2}(0) = 2.612\cdots$$

である.したがって式 (6.134) によれば,

$$\frac{N}{V} \leq F_{3/2}(0) \left(\frac{\sqrt{2\pi m k_B T}}{2\pi \hbar}\right)^3 = F_{3/2}(0) \frac{1}{\lambda_T^3} \tag{6.136}$$

という関係が要求されることになる.T が与えられたとき右辺で定まる限界値より数密度が小さくなくてはならない.式 (6.136) を逆にいえば,数密度 n が与えられたとき,

$$T < \frac{(2\pi\hbar)^2}{2\pi m k_B} \left[\frac{N}{F_{3/2}(0) V}\right]^{2/3} \equiv T_c(n) \tag{6.136'}$$

を満たす温度範囲では μ を定めることができないということになる.自由粒子を箱につめているのに,式 (6.136) のように限界があるというのはどういうことか.

積分に直す前の式 (6.99) を見ると,この結論はおかしい.実際 α を上の方から 0 に近づけると,量子数が $n_x=n_y=n_z=0$ である状態 ($\varepsilon_l=0$) の平均占拠数,

$$\langle N_0 \rangle = \frac{1}{e^\alpha - 1} \tag{6.137}$$

は任意に大きくすることができて,α すなわち,μ を定めることができるはずである.この矛盾は,実は積分に直すやり方に難点があったのである.状態密度 (6.113) によれば,$\varepsilon \to 0$ とともに $D(\varepsilon) \to 0$ となって,確かにこの場合重要な働きをする $\varepsilon=0$ の状態を無視したことになっている.ボース統計の特徴により,この難点が表面化したわけである.

そこで式 (6.134) を $\varepsilon=0$ の占拠数を考慮した,

$$N = \langle N_0 \rangle + N\left(\frac{T}{T_c}\right)^{3/2} \frac{F_{3/2}(\alpha)}{F_{3/2}(0)} \tag{6.138}$$

に改めよう.$T<T_c$ で α を定めようとすると,上述のように α はきわめて小さく ($\alpha \sim 1/N$) なる.したがってこの式の右辺で $F_{3/2}(\alpha)/F_{3/2}(0)=1$ としてよい.ゆえに,

$$\langle N_0 \rangle = N\left[1-\left(\frac{T}{T_c}\right)^{3/2}\right], \qquad T<T_c \tag{6.139}$$

すなわち,体積 V の箱に N 個のボース粒子をつめて温度を下げてゆく.式 (6.136′) の T_c 以下になると,式 (6.139) で与えられる巨視的な数の粒子が最低エネルギー状態を占拠するようになる.つまり $\langle N_0 \rangle$ は N に比例し,その比例定数は有限であって,系のスケールによらない.このことは量子力学的状態である最低エネルギー状態が,巨視的な観測にかかることを意味する.これを**ボース-アインシュタイン凝縮**とよぶ.T_c の下と上では,ボース-アインシュタイン凝縮体の有無によって ($\langle N_0 \rangle \neq 0$ と $\langle N_0 \rangle = 0$[*]) 気体の巨視的な性質が異なる.これを"相が

---

[*] T_c 以上においても微視的な数の占拠は行われている.

異なる"という. T_c は**相転移温度**である.

ついでに内部エネルギー,

$$U = \langle E \rangle = \sum_l \varepsilon_l \langle N_l \rangle \tag{6.140}$$

を計算しよう. 今度は ε が掛っているから, 積分に直したままでよい.

$$U = V \frac{2\pi (2m)^{3/2}}{(2\pi\hbar)^3} \int_0^\infty \frac{\varepsilon^{3/2}}{e^{\beta(\varepsilon-\mu)}-1} d\varepsilon \tag{6.141}$$

$$= \frac{3}{2} k_B T V \left(\frac{\sqrt{2\pi m k_B T}}{2\pi\hbar} \right)^3 F_{5/2}(\alpha) = \frac{3}{2} k_B T \frac{V}{\lambda_T^3} F_{5/2}(\alpha) \tag{6.141'}$$

これは式 (6.134) を使うと,

$$U = \frac{3}{2} k_B T N \frac{F_{5/2}(\alpha)}{F_{3/2}(\alpha)} \tag{6.142}$$

とも書ける. $T > T_c$ では式 (6.134) から α の値を定めてこの最後の比の値を出す. 図 6.4 からわかるように, α が大きくなるとこの比は 1 に近づき, 式 (6.142) はエネルギー等分配の値に近づく.

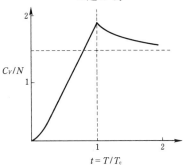

図 6.5 理想ボース気体の熱容量

$T < T_c$ では式 (6.141') で $F_{5/2}(\alpha) \simeq F_{5/2}(0)$ ととり, 式 (6.136') の T_c を用いると,

$$U = \frac{3}{2} k_B T N \left(\frac{T}{T_c} \right)^{3/2} \frac{F_{5/2}(0)}{F_{3/2}(0)} \tag{6.143}$$

式 (6.139) を使えば,

$$U = \frac{3}{2}k_{\mathrm{B}}T\frac{F_{5/2}(0)}{F_{3/2}(0)}(N-\langle N_0\rangle) \qquad (6.143')$$

のように書ける．最後の式は $F_{5/2}(0)/F_{3/2}(0)$ の因子を度外視すると，凝縮していない粒子が等分配のエネルギーをもつ形になっている．

上述の相転移は熱容量の温度変化に顕著な形で現れる（図6.5）．

液体 ^{4}He は約 2.2 K で相転移を起し，低温で粘性のない特別の状態（超流動状態という）に変る．^{4}He 原子はボース粒子であるが，原子間には力が働いており，密度も高いので，液体 ^{4}He を理想ボース気体と見ることはできない．しかしこの場合も一種のボース-アインシュタイン凝縮が起りうると考えられ，超流動状態は ^{4}He 原子がボース-アインシュタイン凝縮を起した状態として理解できる．ボース-アインシュタイン凝縮が起ると，巨視的な数の原子が同じ量子状態を占め，その結果これらの原子の行う量子力学的な運動が液体の巨視的な性質に現れるようになる．それが液体の粘性のない流れとして観測されるのである．

問　題

6.3.1 銅の伝導電子をフェルミ粒子の理想気体と見なして，低温での比熱への寄与を評価せよ．

6.3.2 ^{4}He は 4.2 K 以下で密度 0.14 g/cm^3 の液体になる．これを理想ボース気体と見なしたときのボース-アインシュタイン凝縮温度を評価せよ．

6.3.3 ボース粒子の理想気体は 1 次元, 2 次元ではボース-アインシュタイン凝縮を起さないことを示せ．

6.4 相転移 I

6.4.1 1成分系の相平衡

相とは何かは，複数の相が平衡状態で共存している場合を考えるとわかりやすい．

例えばある液体とその蒸気とが容器に入って熱平衡にあるとしよう．この場合には，どの部分も同一分子からできていることはもちろん，温度と圧力もいたるところ一定である．しかし他の示強性の量，例えば密度が，それぞれ一様な2領域に分れていて，その境界面では急激に変化している．この変化は急激ではあるが実は連続的である．しかし，境界面の効果は，各一様な領域が十分大きければ，その構造を無視して考えることができるであろう．すなわち，差しあたり境界は示強性の状態量が不連続的に変化し，各領域の中ではすべて一様であるものと考えて，一様な部分について考察しよう．この各領域の状態を相という．

物質系がいくつかの相に分れて存在する場合には，分子が1つの相から他の相へ移ることができる．この意味で，各相は開いた系の典型である．しかし熱平衡の状態では，各相の平均分子数は一定である．もし各領域の大きさが巨視的ならば，そのゆらぎも相対的に無視できる．これは6.2節で取り扱った問題とよく似ている．ただ今度は，ある種の示強性状態量，たとえば分子数密度の差異によって部分系を区別できるので，各相の体積も変化させることができる．

まず6.2節にならって熱力学的に議論してみよう．全系は孤立していて，これが2相に分れて存在するものとしよう．2相の体積，粒子数，内部エネルギーをそれぞれ $V_1, V_2, N_1, N_2, U_1, U_2$ とすれば，6.2節と同様，

$$V_1 + V_2 = V \tag{6.144}$$
$$N_1 + N_2 = N \tag{6.145}$$

6.4 相転移 I

$$U_1 + U_2 = U \tag{6.146}$$

がすべて一定である．エントロピーも各相のものの和で与えられる．

$$S = S_1(U_1, V_1, N_1) + S_2(U_2, V_2, N_2) \tag{6.147}$$

ただし今度は，添字で区別してあるように，部分系は集合状態が違っているので，エントロピーの関数形（エネルギー，体積，粒子数に依存する仕方）が部分系で違っている．これが前の議論と異なる唯一の点であって，その他の考え方，形式的な議論はまったく同一である．

エントロピーが極大である分布の近傍では，

$$\delta S = \left(\frac{\partial S_1}{\partial U_1} - \frac{\partial S_2}{\partial U_2}\right)\delta U_1 + \left(\frac{\partial S_1}{\partial V_1} - \frac{\partial S_2}{\partial V_2}\right)\delta V_1$$
$$+ \left(\frac{\partial S_1}{\partial N_1} - \frac{\partial S_2}{\partial N_2}\right)\delta N_1 = 0 \tag{6.148}$$

でなくてはならない．そして δU_1, δV_1, δN_1 は任意の微小量であるから，$\delta S = 0$ が成立するためには，

$$\left(\frac{\partial S_1}{\partial U_1}\right)_{V_1 N_1} = \left(\frac{\partial S_2}{\partial U_2}\right)_{V_2 N_2} \tag{6.149}$$

$$\left(\frac{\partial S_1}{\partial V_1}\right)_{U_1 N_1} = \left(\frac{\partial S_2}{\partial V_2}\right)_{U_2 N_2} \tag{6.150}$$

$$\left(\frac{\partial S_1}{\partial N_1}\right)_{U_1 V_1} = \left(\frac{\partial S_2}{\partial N_2}\right)_{U_2 V_2} \tag{6.151}$$

が同時に成立しなければならない．式 (6.149)，(6.150) は式 (4.11) により，

$$\frac{1}{T_1} = \frac{1}{T_2} \tag{6.152}$$

$$\frac{P_1}{T_1} = \frac{P_2}{T_2} \tag{6.153}$$

を意味するが，これは当然の結論である．相が平衡であるためには，力学平衡および熱の出入りに関する平衡が成立していなければならず，これはそれぞれ $P_1 = P_2 = P$ および $T_1 = T_2 = T$ を条件とする．

第3の条件 (6.151) は，その形からわかるように，物質のや

り取りに関する平衡条件であって，これは式 (6.59) のように化学ポテンシャルを使って，

$$-\frac{\mu_1}{T_1} = -\frac{\mu_2}{T_2} \tag{6.154}$$

と書かれる．化学ポテンシャル μ は圧力と温度の関数と見なせるから，式 (6.152) と式 (6.153) を考慮すると，これはさらに，

$$\mu_1(P, T) = \mu_2(P, T) \tag{6.155}$$

と書ける．今度の場合は両部分系，すなわち両相でその関数形が異なる．そのためこの関係が独立な価値をもっているのである．

各相とも圧力，温度が等しいことは自明だとして，物質の出入りに関する平衡条件を議論する近道を考えてみよう．着目している系は，全体としては分子数が一定であるが，温度 T_R，圧力 P_R の流体の中に置かれているものと考えよう．このとき式 (4.31) により，状態変化は，

$$\Delta U - T_R \Delta S + P_R \Delta V = \Delta(U - T_R S + P_R V) \leq 0 \tag{6.156}$$

に従って起る．ここで考えようとしているのは，体系の温度 T，圧力 P が常にこの環境の温度 T_R，圧力 P_R に保たれつつ起る変化である．したがってこの場合式 (6.64) により式 (6.156) は，

$$\Delta(U - TS + PV) \equiv \Delta G \leq 0 \tag{6.156'}$$

と書くことができる．したがって上の条件のもとでは，ギブズの自由エネルギーが増大する過程は起りえない．そこでもし G が最小である状態があったとすれば，それは熱平衡の状態だということになる．

さて N 個の粒子がそれぞれ N_1 個，N_2 個ずつ 2 相に分れたとする．

$$N_1 + N_2 = N \tag{6.157}$$

ギブズの自由エネルギー G も 2 部分系のものの和になるが，これは式 (6.63) により，次のように書ける．

6.4 相転移 I

$$G = G_1 + G_2 = \mu_1(T, P)N_1 + \mu_2(T, P)N_2 \tag{6.158}$$

ただし，前述のように各相の化学ポテンシャルの関数形は異なる．そこで T, P 一定のもとに分布 (N_1, N_2) を微小変化させてみよう．式 (6.65) および式 (6.157), (6.158) により，次のようになる．

$$\delta G = \mu_1 \delta N_1 + \mu_2 \delta N_2 = (\mu_1 - \mu_2)\delta N_1 \tag{6.159}$$

もしこの分布 (N_1, N_2) が熱平衡状態ならば，G は極小でなくてはならないから $\delta G = 0$．したがってただちに式 (6.155) が結論される．

注意 6.2 節で述べた大正準分布の観点から相平衡を見ると次のようになる．熱粒子源に接して，それぞれ一定体積の 2 つの系がある．この 2 系は異なった相にあるものとする．各相の圧力は，熱粒子源の特性量である T, μ の関数として定まるであろう．ただし，その関数形は互いに異なる．ところでこの 2 つの系を，共通の熱粒子源に接触させたまま，互いに接触させて間の壁を自由に動けるようにしたとする．2 相が共存平衡にあるためには力学的なつりあい，つまり圧力が互いに等しいことが要求される．

$$P_1(T, \mu) = P_2(T, \mu) \tag{6.160}$$

これは式 (6.155) の関係を，独立変数を取り換えて見たものにすぎない．

さて式 (6.155) の関係を考えてみよう．2 相が共存して熱平衡にあるためには，両相の圧力 P と温度 T が共通の値でなくてはならないのはもちろんであるが，この 2 変数の間に式 (6.155) が成立していなくてはならない．つまり P と T を勝手に選ぶことはできなくて，例えば T を与えると P の値が決ってしまう．その値を P_e とすると，

$$P = P_e(T) \tag{6.161}$$

という関係が与えられることになる．T, P を座標軸にとった図（図 6.6）を考えると式 (6.161) はその上の曲線を与える．これを相 1 と相 2 の**平衡曲線**とよび，この図面は**相図**という．

2相が気相と液相（または固相）である場合2相平衡曲線を特に**蒸気圧曲線**とよび，2相が液相と固相である場合**融解曲線**とよぶ．

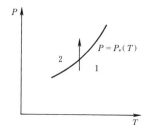

図6.6 相図

この曲線に沿った2点 (T, P) と $(T+dT, P+dP)$ を考えると，式 (6.155) により

$$\mu_1(P, T) = \mu_2(P, T)$$
$$\mu_1(P+dP, T+dT) = \mu_2(P+dP, T+dT)$$

が成り立つが，この2式の差をとると，

$$\left(\frac{\partial \mu_1}{\partial P}\right)_T dP + \left(\frac{\partial \mu_1}{\partial T}\right)_P dT = \left(\frac{\partial \mu_2}{\partial P}\right)_T dP + \left(\frac{\partial \mu_2}{\partial T}\right)_P dT$$

が dP と dT の関係を与えることがわかる．これに式 (6.61) を考慮するとこの関係は，

$$v_1 dP - s_1 dT = v_2 dP - s_2 dT \tag{6.162}$$

あるいは式 (6.161) の記号を使うと，

$$\frac{dP_e}{dT} = \frac{s_2 - s_1}{v_2 - v_1} \tag{6.163}$$

を与える．すなわちこれは平衡曲線のこう配を与える式であって**クラペイロン-クラウジウスの式**とよぶ．$T(s_2 - s_1)$ は，この共存温度・圧力で相1から相2への相転移が起るとき，1粒子あたり吸収する熱量 q である．これを相転移の**潜熱** (latent heat) とよぶ．表式 (6.163) の右辺分子はしたがって q/T とも書ける．

図 6.6 に書き込んだ等温線に従って体積がどのように変化す

るか考えてみよう。2相が平衡にある温度,圧力 (T, P) では,各相の体積は粒子1個あたり $v_1 = v_1(P, T)$ また $v_2 = v_2(P, T)$ と定まる。これはすなわち両相それぞれの状態方程式である。したがって N 個の粒子が分れて N_1 個が相1に,N_2 個が相2にあるとすれば,全系の体積は,

$$V = v_1(P, T)N_1 + v_2(P, T)N_2 \tag{6.164}$$

で与えられる。したがって液相と気相の場合のように,$v_1(P, T) < v_2(P, T)$ だとすれば,全体積 V が,

$$Nv_1(P, T) \leqq V \leqq Nv_2(P, T) \tag{6.165}$$

の範囲で両相が共存していることになる。(V, P) 図に描くと温度 T の等温線はこの V の範囲で圧力 $P_e(T)$,式 (6.161) の水平線になる。両端では単一相1または2になっている。その両端から,単一相の等温線が連続するが,これは右下がりになっているはずである。それは系が安定平衡にあるための関係 (式 (4.37)),

$$\frac{1}{V}\left(\frac{\partial V}{\partial P}\right)_T < 0 \tag{6.166}$$

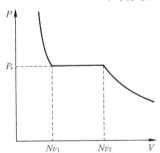

図 6.7 相転移の起る等温変化 ((V, P) 図)

が成立していなければならないからである。こうして (T, P) 図の等温線に沿って平衡曲線から離れると,圧力の高い方ではモル体積の小さい方の単一相 (相1) だけ,圧力が低い方ではモル体積の大きい方の単一相 (相2) だけが存在するということがわかる。いい換えると相平衡曲線は (T, P) 図上で,全領域

をそれぞれ単一相だけが存在する領域に分割し，その境界線である平衡曲線上ではこの 2 相が共存しているということになる．相図とよばれる意味がこれで明らかであろう．

水の相図の概略を示す（図 6.8）．図上の点 T では 3 本の平衡曲線が会する．そのまわりは 3 相の領域に分れている．これを一般に **3 重点**（triple point）とよぶ．これは，次の式から定まる．

$$\mu_1(P, T) = \mu_2(P, T) = \mu_3(P, T) \tag{6.167}$$

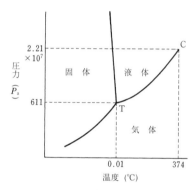

図 6.8 水の相図．縦軸，横軸のスケールは任意．（T：3 重点，C：臨界点）

いま考えているように，単一種の粒子の集合している物質を考えている限り，独立変数は P と T の 2 個だけだから，一般に四重以上の点は存在しない．ただし水の場合，種々の結晶構造をもつ固相がいくつか存在し，そのため氷の領域内に何本か平衡曲線が存在するので，図の T 以外にも三重点が存在する．

次の点 C のように，平衡曲線が切れている端がある場合がある．これは**臨界点**（critical point）とよばれ，もちろん特異点である．このように平衡曲線が切れている場合，一方の相を表す領域中の 1 点で表される状態から出発して，臨界点の外をう回して，他方の相を表す領域中の任意の点で表される状態まで，連続的に変化する曲線を描くことができる．この曲線が表す準静過程では，すべての熱力学量がその微分係数までも含め

て，連続変化する．このような連続変化は，気相と液相の場合に可能であって，実際蒸気圧曲線は臨界点で終っている．これに反し融解曲線には臨界点が存在しない．氷は水分子が規則正しく配列した構造をもっているが，この結晶対称性は，水がもつ等方乱雑な構造から，連続的につくり出すことができないからである．臨界点が仮にあったとすれば，それを $う$ 回する経路を考えると，その曲線は結晶対称性をもつ部分と，等方乱雑な部分とに分れざるをえない．そこには必ず境界の点がある．つまりすべてが連続的に変る準静過程はありえないのである．

6.4.2 相 律

以上は系がただ 1 種類の粒子から構成されている場合を考えたが，2 種類以上の構成粒子がある場合どうなるか．n 種類の粒子をそれぞれ $N_1, N_2, \cdots, N_n$ 個混合して，温度 T，圧力 P に保ったとき，熱平衡状態で均一な単一相になったものとする．この系のギブズの自由エネルギー G は $(T, P, N_1, N_2, \cdots, N_n)$ の関数と考えることができるから，微小な準静過程による G の増加は，

$$dG = -SdT + VdP + \sum_{i=1}^{n} \mu_i dN_i \tag{6.168}$$

で与えられる．ここで，

$$\mu_i = \left(\frac{\partial G}{\partial N_i}\right)_{T,P,N_1,\cdots,N_{i-1},N_{i+1},\cdots,N_n} \tag{6.169}$$

である．これは式 (6.65) を多成分系へ拡張したものであって，μ_i を成分 i の化学ポテンシャルとよぶ．この場合，式 (6.63) の拡張である，

$$G(T, P, N_1, N_2, \cdots, N_n) = \sum_{i=1}^{n} \mu_i N_i \tag{6.170}$$

も成立する．それを見るには，この均一な熱平衡系を，全体の $(1-\varepsilon)$ 倍の部分（$\varepsilon \ll 1$）と ε 倍の部分に分割し，後者を切り捨てる過程を考える．温度，圧力はもちろん T, P のままである．系は均一であるから，この結果系のギブズの自由エネルギ

—は $(1-\varepsilon)G$ に変り,粒子数も,それぞれ $(1-\varepsilon)N_1, \cdots,$ $(1-\varepsilon)N_n$ となる.これに式 (6.168) を適用すると,

$$dG = -\varepsilon G, \quad dT = 0, \quad dP = 0, \quad dN_i = -\varepsilon N_i$$

ととって,

$$-\varepsilon G = \sum_{i=1}^{n} \mu_i(-\varepsilon N_i)$$

となり,すなわち式 (6.170) を得る.

この μ_i は,例えば式 (6.170) からも見られるように示強性の量である.したがって μ_i は T, P に依存することはいうまでもないが,N_i にはそれらの比の形でだけ依存していなければならない.通常,

$$C_i \equiv \frac{N_i}{\sum_{j=1}^{n} N_j} \tag{6.171}$$

を用いるが,これを成分 i の **(分子)濃度** ((molecular) concentration) とよぶ.濃度の間には恒等的に,

$$\sum_{i=1}^{n} C_i = 1 \tag{6.172}$$

という関係が成立するから,独立な濃度は $(n-1)$ 個である.

この多成分系が f 個の相に分れて共存平衡にある場合を,式 (6.157) 以下の議論にならって論じよう.各種の総粒子数は一定である.

$$\sum_{r=1}^{f} N_i^{(r)} = N_i = 一定, \quad i = 1, 2, \cdots, n \tag{6.173}$$

ただし $N_i^{(r)}$ は r 番目の相の中にある i 番目の種類の粒子数である.ギブズの自由エネルギーは f 個の相それぞれの自由エネルギー $G^{(r)}$ の和であり,この $G^{(r)}$ はそれぞれ式 (6.170) の形に書ける.

$$G = \sum_{r=1}^{f} G^{(r)}$$
$$G^{(r)} = \sum_{i=1}^{n} \mu_i^{(r)} N_i^{(r)} \tag{6.174}$$

この r 相における成分 i の化学ポテンシャル $\mu_i^{(r)}$ は,全体で

共通になっている(と前提にしている)温度 T,圧力 P のほかこの相における成分濃度 $\{C_j^{(r)}\}$ に依存している.すなわち,$\mu_i^{(r)}(T, P, C_1^{(r)}, C_2^{(r)}, \cdots)$ である.

さてそこで T, P 一定のもとに分布 $\{N_i^{(r)}\}$ を微小変化させてみよう.式(6.168)および式(6.174)により,

$$\delta G = \sum_{r=1}^{f} \delta G^{(r)} = \sum_{r=1}^{f} \sum_{i=1}^{n} \mu_i^{(r)} \delta N_i^{(r)} \tag{6.175}$$

ただし式(6.173)により,

$$\sum_{r=1}^{f} \delta N_i^{(r)} = 0, \quad i = 1, 2, \cdots, n \tag{6.176}$$

である.分布 $\{N_j^{(r)}\}$ が熱平衡状態であるためには,条件(6.176)を守りながら行われる任意の微小変化 $\{\delta N_i^{(r)}\}$ に対し $\delta G = 0$ でなくてはならない.これを要領よく取り扱うにはラグランジュの未定乗数法を用いる.すなわち式(6.176)に未定定数 μ_i を掛けて i について加え合せたものを式(6.175)から引算してゼロとおく.

$$\sum_{r=1}^{f} \sum_{i=1}^{n} [\mu_i^{(r)}(T, P, C_1^{(r)}, \cdots, C_{n-1}^{(r)}) - \mu_i] \delta N_i^{(r)} = 0 \tag{6.177}$$

こうすると条件(6.176)は忘れてしまって,すべての $\delta N_i^{(r)}$ が任意であると考えることができる.したがってその係数が消えなければならない.ゆえに,

$$\mu_i^{(1)}(T, P, C_1^{(1)}, \cdots, C_{n-1}^{(1)}) = \mu_i^{(2)}(T, P, C_1^{(2)}, \cdots, C_{n-1}^{(2)})$$
$$= \cdots$$
$$= \mu_i^{(f)}(T, P, C_1^{(f)}, \cdots, C_{n-1}^{(f)})$$
$$i = 1, 2, \cdots, n \tag{6.178}$$

が共存平衡の条件である.これが式(6.155),式(6.167)に代るものであるが,これに解があるためには方程式の数 $n(f-1)$ が変数の数 $2+f(n-1)$ を上まわってはならない.

$$n(f-1) \leqq 2 + f(n-1)$$

すなわち,

$$f \leqq n + 2 \tag{6.179}$$

でなければならない.この定理は**相律**(phase rule)とよばれ

る．$n=1$ が前に取り扱った場合であって，相律が教えるように，このとき共存平衡にありうるのはたかだか3相である．

6.4.3 化 学 平 衡

それではこの n 種類の粒子の間に化学反応が起っているとき，熱平衡分布はどうなるか．ここでは全系が単一相（例えば気相）にあるものとして考察しよう．i 番目の種類の粒子の分子式を A_i と書き，その反応式を，

$$\sum_{i=1}^{n} \nu_i A_i = 0 \tag{6.180}$$

としよう．ここで ν_i は（正または負の）整数である．これは通常の化学反応式で右辺の項の符号を変えて左辺に移して書いたものである．この反応の素過程が $d\xi$ 個起ったとすると，A_i 分子の数 N_i は，

$$dN_i = \nu_i d\xi \tag{6.181}$$

だけ増加する．ξ は**反応座標**（reaction coordinates）とよばれ，熱平衡ではその平均値が一定である（**化学平衡**（chemical equilibrium））．しかし微視的には，熱平衡においても ξ の値はゆらいでいる．つまり反応が正負両方向に絶え間なく生じているのである．

さて全系のギブズの自由エネルギー G は，$(T, P, N_1, N_2, \cdots)$ の関数であるが，ある温度 T，圧力 P のもとにおける熱平衡状態では，これが極小になる．そこでその状態から反応座標 ξ をわずかに変化させるとき，G の変化分 dG はゼロでなくてはならない．式 (6.168) で $dT=0$, $dP=0$ とおいた式，

$$dG = \sum_{i=1}^{n} \mu_i dN_i \tag{6.182}$$

に式 (6.181) を代入すると，

$$dG = \left(\sum_{i=1}^{n} \mu_i \nu_i \right) d\xi = 0$$

が成立していなくてはならない．$d\xi$ は任意であるから，

$$\sum_{i=1}^{n} \mu_i \nu_i = 0 \tag{6.183}$$

これがいわゆる**質量作用の法則**(law of mass action)にほかならない.式 (6.180) の形の化学反応式がいくつか成立している系の熱平衡状態では,その数だけの反応座標があり,その各々に対して,式 (6.183) の型の関係式が存在することになる.

最後に多成分の開いた系の統計力学について,ちょっと触れておこう.変換 $G=U-TS+PV$ を行うと,式 (6.168) から,

$$dU = -PdV + TdS + \sum_{i=1}^{n} \mu_i dN_i \tag{6.184}$$

が得られる.これは式 (6.67) の拡張である.これから式 (6.53) の拡張も次式のように結論できる.

$$\mu_i = -T\left(\frac{\partial S}{\partial N_i}\right)_{U,V,N_1,\cdots,N_{i-1},N_{i+1},\cdots,N_n} \tag{6.185}$$

そこで熱粒子源 R として多成分に拡張したものを考えれば,式 (6.68) 以下の議論も平行に行うことができる.各成分の全粒子数を $\{\bar{N}_i\}$ と書くとき,着目している系が粒子数 $\{N_i\}$ をもち,量子状態 a にある確率は,熱粒子源 R の熱力学的重率 $W_R(\bar{N}_1-N_1, \bar{N}_2-N_2, \cdots, \bar{N}_n-N_n; \bar{E}-E_a)$ に比例する.熱粒子源のエントロピー S_R は W_R と,

$$S_R = k_B \log W_R \tag{6.186}$$

で結ばれている.$\bar{N}_i \gg N_i, \bar{E} \gg E_a$ として 6.2 節にならって S_R を N_i, E_a について展開すると,次式が得られる.

$$P_{N_1,N_2,\cdots,N_n;a} \propto \exp\left[\frac{1}{k_B T}\left(\sum_{i=1}^{n} \mu_i N_i - E_a\right)\right] \tag{6.187}$$

ただし系が接触している熱粒子源は,その温度 T と,N 種類の粒子それぞれの化学ポテンシャルの値 $\mu_1, \mu_2, \cdots, \mu_n$ とによって特徴づけられる.単なる熱源はその温度 T だけで特徴づけられたことを思い出そう.

問題

6.4.1 気体と液体の相平衡で，圧力が十分小さく，考える温度範囲では気化の潜熱 q が一定と見なしうる場合には，平衡圧力は，
$$P \propto e^{-q/k_B T}$$
の温度依存性をもつことを示せ．

6.4.2 100°C の飽和水蒸気を断熱膨張させると，過飽和水蒸気が得られることを説明せよ．100°C における水の気化熱は 539cal/g である．

6.4.3 十分希薄な溶液では，溶媒の化学ポテンシャルが，
$$\mu(T, P, C) = \mu_0(T, P) - C k_B T$$
と書ける．$\mu_0(T, P)$ は純粋な溶媒の化学ポテンシャル，C は溶質の濃度である．純溶媒の気相・液相の平衡圧力を $P_0(T)$ とすると，溶質が溶けたことによる平衡圧力の変化は，
$$\Delta P = -C P_0$$
と与えられることを示せ．ただし，溶質は気体中に出てゆかないものとする．

6.5 相転移 II

6.5.1 イジング模型の相転移

6.4 節で扱ったものとは異なるタイプの相転移を議論しよう．実例としては強磁性転移がある．鉄やニッケルなどの物質は，常温では磁場をかけなくても磁化しており，強磁性体とよばれる．磁化の大きさ M（自発磁化という）は低温ほど大きい．温度が上がると M は減少し，キュリー温度とよばれる温度 T_c で 0 になる．T_c より高温度では磁化が加えた磁場に比例する常磁性的な性質を示す．このように，T_c より高温と低温で系はまったく異なる性質を示し，T_c で比熱などの物理量に発散，不連続

などの異常が現れる．

このような相転移を示すもっとも簡単なモデルとして，**イジング模型**を取り上げよう．これは結晶の格子点にイジングスピン σ を配置したものである．σ は，大きさ $1/2$ のスピンにおける $2s_z$ と同じく，ただ2通りの値 ± 1 だけをとる．最近接の2個のスピン間には相互作用があり，この2個が平行だと $-J$（$J>0$），反平行だと $+J$ だけのエネルギーをもつものとする．この事情は，i 番目のスピンと j 番目のスピンが最近接であるときその対のエネルギー演算子が，

$$-J\sigma_i\sigma_j \tag{6.188}$$

であると書くことができる．

さて任意のスピン配列を考え，$\sigma=+1$ のスピンの数を N_+，$\sigma=-1$ のそれを N_- と書くと，

$$N = N_+ + N_- \tag{6.189}$$

はスピンの総数を，

$$M = \mu(N_+ - N_-) \tag{6.190}$$

は全磁化を表す．ただしスピン σ は $\mu\sigma$ の磁気モーメントをもつものとした．いますべてのスピンが同じ向きにそろったときの磁化（飽和磁化）$N\mu$ に対する磁化 M の比を η と書く．

$$\eta \equiv \frac{M}{N\mu} = \frac{N_+ - N_-}{N_+ + N_-} \tag{6.191}$$

そうすると，± 1 のスピンの割合は η を用いて次のように書ける．

$$\begin{aligned}\frac{N_+}{N} &= \frac{1}{2}(1+\eta) \\ \frac{N_-}{N} &= \frac{1}{2}(1-\eta)\end{aligned} \tag{6.192}$$

さて，η が与えられたとき，± 1 のスピンそれぞれの総数は定まっているが，それを N 個の格子点に配置する仕方によって，エネルギー値は異なる．エネルギーが E である配置の数を $W(\eta, E)$ と書けば，η が与えられたときの状態和 $Z(\eta)$ は，次のように書ける．

$$Z(\eta) = \sum_E W(\eta, E) e^{-\beta E} \tag{6.193}$$

あるいは E の平均値,

$$\exp[-\beta \overline{E}(\eta)] = \sum_E W(\eta, E) e^{-\beta E} \Big/ \sum_E W(\eta, E) \tag{6.194}$$

および,

$$W(\eta) \equiv \sum_E W(\eta, E) \tag{6.195}$$

を用いれば,

$$Z(\eta) = W(\eta) e^{-\beta \overline{E}} \tag{6.196}$$

とも書ける. $W(\eta, E)$ の正確な形はまだ求められていない. しかし, $W(\eta)$ を求めることは簡単である. 結局これは N_+ 個の $+1$ スピンと N_- 個の -1 スピンを N 個の格子点に配置する仕方の数であるから,

$$W(\eta) = \frac{N!}{N_+! N_-!} \tag{6.197}$$

あるいは式 (6.192) を導入し, スターリングの公式,

$$\log x! \simeq x \log \frac{x}{e}$$

を用いると, 次式を得る.

$$\begin{aligned}\log W(\eta) \simeq N\Big[&\log 2 - \frac{1}{2}(1+\eta)\log(1+\eta) \\ &- \frac{1}{2}(1-\eta)\log(1-\eta)\Big]\end{aligned} \tag{6.198}$$

$\overline{E}$ を正確に求めることはできない. そこでこれを次のように考えよう (**ブラッグ-ウィリアムズの近似**あるいは**分子場近似**という). 1個のスピンに着目したとき, これが ± 1 である確率はそれぞれ式 (6.192) の2式で与えられる. 次にその最近接格子点 (その数は z 個だとしよう) にあるスピンが ± 1 の値をとる確率はどうか. 初めのスピンと平行になった方がエネルギーが低いから, そのようになる確率が高いであろう. このように最近接スピンの間にはなんらかの相関が現れると考えられる. しかしこのような相関をまったく無視することにして, 隣のス

ピンがどうあろうと,各スピンは式 (6.192) の確率をもって ± 1 の値をとるものと考える.この場合の $\bar{E}$ を求めるのは簡単である.1組の最近接スピンの対を考える.2スピンが σ, σ' である確率を $P_{\sigma\sigma'}$ と書けば式 (6.192) と上記の仮定により,

$$P_{++} = \left(\frac{1+\eta}{2}\right)^2, \qquad P_{+-} = \frac{1+\eta}{2}\frac{1-\eta}{2}$$
$$P_{-+} = \frac{1-\eta}{2}\frac{1+\eta}{2}, \qquad P_{--} = \left(\frac{1-\eta}{2}\right)^2 \qquad (6.199)$$

と求まる.平行のときエネルギーが $-J$, 反平行のとき $+J$ であることを考慮すると,1組の最近接スピンの相互作用によるエネルギーは,

$$-J(P_{++}+P_{--}) + J(P_{+-}+P_{-+}) = -J\eta^2 \qquad (6.200)$$

と求められる.最近接スピンの組の数を求めるには次のように考えればよい.各スピンのまわりに z 個の最近接スピンがあるとすれば,そこに z 個の組があることになるが,N 個のスピンを順次中心として考えると,1つの組を2度ずつ数えることになる.ゆえに,組の数は $Nz/2$ である.したがって,体系全体のエネルギーは,次のようになる.

$$\bar{E}(\eta) = -\frac{1}{2}NzJ\eta^2 \qquad (6.201)$$

式 (6.198) および式 (6.201) を用いると,ヘルムホルツの自由エネルギー $F(\eta)$ は,

$$F(\eta) = -k_B T \log W(\eta) e^{-\beta \bar{E}} = \bar{E} - k_B T \log W$$
$$\simeq N\left\{-\frac{1}{2}zJ\eta^2 - k_B T\left[\log 2 - \frac{1}{2}(1+\eta)\log(1+\eta)\right.\right.$$
$$\left.\left. - \frac{1}{2}(1-\eta)\log(1-\eta)\right]\right\} \qquad (6.202)$$

で与えられることとなる.これはまた,$F(\eta) = \bar{E} - TS(\eta)$ に $S(\eta) = k_B \log W$ を代入して書いたと思ってもよい.

さて η は磁化に比例する量であった.実際に実現される安定平衡の磁化は $F(\eta)$ を極小にする値である.

$$\frac{\partial F}{\partial \eta} = 0$$

を式 (6.202) によって計算すると，
$$\eta = \tanh\left(\frac{zJ}{k_B T}\eta\right) \tag{6.203}$$

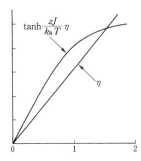

図 6.9 方程式 (6.203) の解

という形の方程式になる．これは $\eta=0$ 以外に解をもつことがある．式 (6.203) を解くには η を横軸にとった図面に，左辺 η が表すこう配 1 の直線と右辺の $\tanh(zJ\eta/k_B T)$ が表す曲線を描き，交点を求めればよい．明らかに tanh 曲線が原点のところで直線に接するところを境界にして，パラメーター $zJ/k_B T$ の大小で事情が異なる．すなわち[*)]，

$$T_c \equiv \frac{zJ}{k_B} \tag{6.204}$$

によって定まる温度 T_c を境にして解が，

$$\begin{aligned} T \geqq T_c \text{ ならば} & \quad \eta = 0 \\ T < T_c \text{ ならば} & \quad \eta = 0 \text{ および } \eta \neq 0 \end{aligned} \tag{6.205}$$

と 2 通りに分れる．しかも F の η に関する 2 階微分係数をつくってみると，

$$\frac{\partial^2 F}{\partial \eta^2} = N\left(-T_c + \frac{T}{1-\eta^2}\right) \tag{6.206}$$

と書けるので，$\eta=0$ の解は $T \geqq T_c$ では F 極小に対応するが，$T < T_c$ では F 極大に対応することがわかる．$T < T_c$ ではこれに代って $\eta \neq 0$ の解が F 極小に対応する．

[*)] $x \ll 1$ のとき $\tanh x \simeq x$．したがって $\tanh(zJ\eta/k_B T)$ の原点におけるこう配は $zJ/k_B T$ となる．

解析的な計算でこれを見るため $T \simeq T_c$, $|\eta| \ll 1$ の領域に限って調べてみよう．式（6.202）を η について展開すると，

$$\frac{F(\eta)}{Nk_B} \simeq -T \log 2 + \frac{1}{2}(T-T_c)\eta^2 + \frac{1}{12}T_c\eta^4 + \cdots \quad (6.207)$$

を得る．ただし $T \simeq T_c$ としたので，η^4 の係数では T を T_c におき換えた．この近似で η を横軸にとり，F/Nk_B の曲線（図6.10）を描くと，上記の事情がよくわかる．$\partial F/\partial \eta = 0$ は，

$$\eta\left[(T-T_c) + \frac{1}{3}T_c\eta^2\right] = 0 \quad (6.208)$$

を与え，これから，

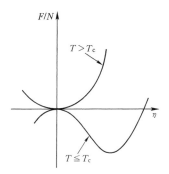 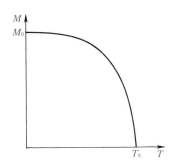

図 6.10 自由エネルギーの η 依存性 **図 6.11** 磁化の温度変化

$$\begin{aligned} T \geq T_c \text{ ならば} \quad & \eta = 0 \\ T < T_c \text{ ならば} \quad & \eta^2 = 3\frac{T_c - T}{T_c} \end{aligned} \quad (6.209)$$

が F の極小を与える解として求められる．このように T_c より高温では ± 1 のスピンが同数存在して磁化がゼロだったものが，温度 T が T_c 以下に下がると $\eta \equiv M/N\mu \neq 0$ となって磁化が現われる．このように**自発磁化**（spontaneous magnetization）が現れる温度を一般に**キュリー温度**という．η の温度依存性はおよそ図 6.11 のようである．

6.5.2 秩序パラメーター

自発磁化が出現した状態は，N_+ と N_- が不均衡になった一種の秩序のある状態である．このことは，例えば式 (6.207) から $S = -(\partial F/\partial T)_{\eta,\cdots}$ によってエントロピーの表式をつくると，

$$\frac{S}{Nk_B} = \log 2 - \frac{1}{2}\eta^2 \tag{6.210}$$

となって，$|\eta| = |M|/N\mu$ が大きくなると S すなわち乱雑度が減少することからわかる．この意味で η をこの場合の**秩序パラメーター**（order parameter）とよぶ．

$F(\eta)$ の表式（式 (6.202) または式 (6.207)）が η について偶関数になっていることに注意しよう．これは変換 $\eta \to -\eta$ すなわち $M \to -M$ に対して自由エネルギーが不変であるという，物理的に当然だと考えられる事情を反映している．しかし T_c 以下の温度になると特定の（正か負かの）符号をもつ η（あるいは M）が実現される．これは自発磁化が生ずるときの偶然的な微小外場などの影響で撰択が行われるものと考えられる．こうして実現された状態は $\eta \to -\eta$ に対し不変ではなく，明らかに"$\eta \to -\eta$ に対する対称性が破れて"いる．$T \geq T_c$ では $\eta = 0$ であってこの対称性を保持しているから，温度低下とともに体系は T_c において相転移を起し，対称性を破る．こうして，ゼロでないある符号の η が成長してゆく．

このようなとらえ方はもっと広く成立する．実際の強磁性体では磁化はベクトルである．したがって秩序パラメーターは，

$$\boldsymbol{\eta} = \frac{\boldsymbol{M}}{N\mu} \tag{6.211}$$

で定義されるベクトルとなる．しかし自由エネルギーは $\boldsymbol{\eta}$ の大きさだけに依存し，その方向によらない．すなわち，$F = F(|\boldsymbol{\eta}|^2)$ である．この対称性は T_c 以上の温度で実現される状態で成立している（そこでは $\boldsymbol{\eta} = 0$）が，T_c 以下になると特定の方向を向いた磁化が実現され，この対称性を破った状態が生ずる．

すでに議論した中から 1 例を挙げると，理想ボース気体のボ

ース-アインシュタイン凝縮がある．この場合，運動量ゼロの1粒子状態の振幅を a_0 と書き，$|a_0|=N_0$ のようにとると，秩序パラメーターとして，

$$\eta \equiv \frac{a_0}{\sqrt{N}} \tag{6.212}$$

をとればよい．このときの対称操作は波動関数の位相を変える変換，$a_0 \to a_0 e^{i\gamma}$（γ は任意の実数）であって，これをゲージ変換という．この変換で不変な形は $|a_0|^2$ であって，自由エネルギーは η をこのような形で含む．

問　題

6.5.1 電子はその自転運動（スピン）に伴って磁気双極子モーメント $\mu = 9 \times 10^{-24} \mathrm{J \cdot T^{-1}}$ をもっている．鉄の強磁性がこの磁気双極子間の磁気的相互作用としては説明しえないことを示せ．鉄のキュリー温度は 769℃ である．

6.5.2 強く相互作用している系の近似解法の1つに分子場近似がある．これは1個の粒子に及ぼす隣の粒子からの力を平均の場（分子場）におき換え，この分子場における1粒子の問題を解き，分子場の大きさはこの解とつじつまの合うように決める方法である．イジング模型にこの分子場近似を適用し，ブラッグ-ウィリアムズ近似と同じ結果が得られることを示せ．

6.5.3 N 個のスピンからなる1次元の強磁性イジング模型について，そのエントロピー，内部エネルギー，自由エネルギーを温度の関数として求めよ．相互作用は隣り合うスピン間にのみ働いているものとする．

［ヒント：隣り合うスピンが逆向きの対の数を n とし，エネルギー E，状態の数 W を n で表せ．これがわかると，エントロピーを E の関数として表すことができ，他の熱力学関数も求めることができる．］

7 ゆ ら ぎ

7.1 ゆらぎと不可逆過程

　本書では，最初に液体中の物体の運動と固体の中の熱伝導を例に，巨視的な法則の特徴について考察し，その不可逆性について述べた．巨視的な体系に起る変化は常に不可逆であり，十分に時間が経過すると，体系はそれ以上変化しない熱平衡状態に到達する．2章からはこの熱平衡状態にある体系の性質について，巨視的な視点（熱力学）と微視的な視点（統計力学）から考察を進めたわけである．最後に本章では，はじめの不可逆な現象そのものにもどり，その取扱いの1つの方法を示し，本書のしめくくりとしたい．

　1つの系の外部パラメーターを x に保ち，しかもそのエネルギーを E に保持したとする．この系は仕事も受けず熱も与えられない孤立系である．十分長い時間が経過すると系は熱平衡状態に落ち着くが，これは $\{E, x\}$ で一義的に指定される巨視的状態である．この状態を統計力学では，条件，

$$E < \mathcal{H}(q, p, x) < E + \Delta E \tag{7.1}$$

を満足するすべての微視的状態が等確率であるような確率母集団で表す．2.3節のエルゴード仮定によれば，このことは，熱平衡状態を微視的に見ると，系は式 (7.1) の条件を満たすあらゆ

る微視的状態を次々に経過し，その滞留時間がすべて相等しいという状況になっていることを意味する．したがって $\{E, x\}$ 以外の巨視変数を観測すると，その値は種々変動し，一般に決して一定ではない．すなわちゆらいでいる．

さて，エネルギーと外部パラメーターは同じく $\{E, x\}$ であるが，熱平衡にない巨視的状態を考えてみよう．これを記述するため，エネルギーと外部パラメーター以外に補助の巨視変数を用いる．それらを a と書こう．このときこの状態のエントロピーは，

$$S(E, x, a) \tag{7.2}$$

で与えられる．これは補助変数を a に固定する束縛条件のもとで熱平衡にした，いわば不完全平衡の状態である．

1つの例を示そう．同体積の2つの箱が小さな穴でつながった容器（図7.1）に気体が入っている．左右の箱にある気体分子の数を N_1, N_2, その差を $n = N_1 - N_2$ とする．熱平衡状態では気体は密度が一様になるから，n の平均値は0である．$n \neq 0$ であれば気体は熱平衡状態にはない．しかし，箱をつなぐ穴が小さければ，箱の間の気体の移動には時間がかかる．それに比べて1つの箱の中では分子は自由に動きまわっているから，気体はそこではすみやかに熱平衡に到達できると思われる．$n \neq 0$ のまま不完全な熱平衡状態が実現すると考えてよい．この例でいえば，分子数の差 n が上で導入したパラメーター a である．

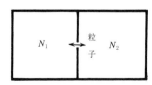

図7.1 連結した2つの箱に入った気体分子のゆらぎ

次にこの a が一定という束縛条件を解いて，（後で述べる緩和時間に比べて）十分に長い時間待つと，系は完全な熱平衡状態に到達する．このときエネルギーと外部パラメーターは $\{E, x\}$ に固定した条件のもとでエントロピー S が極大になる．す

なわち,
$$\frac{\partial S}{\partial \alpha} = 0, \qquad \frac{\partial^2 S}{\partial \alpha^2} < 0 \qquad (7.3)$$
となる．このときの α の値を α_0 とする．

ところでこの熱平衡状態は，初めに述べたすべての微視的状態を経過する熱平衡状態とどんな関係にあるのか．式 (2.92) で示したように，$\exp[S(E, x)/k_B]$ はエネルギーと外部パラメーターが $\{E, x\}$ だという条件を満足する微視的状態の数である．このようなエントロピーの意味を拡張すると，式 (7.2) を使った，
$$\exp[S(E, x, \alpha)/k_B] \qquad (7.4)$$
は外部パラメーターが x であり，エネルギーが式 (7.1) を満足し，しかも補助変数が α（と $\alpha+\Delta\alpha$ の間の値）である微視的状態の数ということになる．これを $W(E, x; \alpha, \Delta\alpha)$ と書けば（式 (2.92) の ΔE を省略して書いた），
$$W(E, x) = \sum_{\alpha} W(E, x; \alpha, \Delta\alpha) \qquad (7.5)$$
は式 (7.1) を満足する微視的状態の総数，すなわち式 (2.92) の W にほかならない．ところでこの $W(E, x; \alpha, \Delta\alpha)$ は式 (7.4) の形をしていて式 (2.38) と同じ特徴をもっているから，2.2節と同一の議論ができる．すなわち式 (7.3) を考慮して，
$$S(E, x, \alpha) = S(E, x, \alpha_0) + \frac{1}{2} \left.\frac{\partial^2 S}{\partial \alpha^2}\right|_{\alpha_0} (\alpha-\alpha_0)^2 + \cdots \qquad (7.6)$$
と展開する（これは式 (2.47) に対応する）．これを式 (7.4) に従って W にもどせば，
$$W(E, x) = W(E, x; \alpha_0, \Delta\alpha) \\ \times \sum_{\alpha} \exp\left[\frac{1}{2} \left.\frac{\partial^2 S}{\partial \alpha^2}\right|_{\alpha_0} (\alpha-\alpha_0)^2 + \cdots\right] \qquad (7.7)$$
を得るが，式 (7.3) により指数関数は $|\alpha-\alpha_0|$ が増大すると急速に小さくなるガウス関数である．この和は，ガウス積分の形にして，

$$W(E, x) = W(E, x\,;\alpha_0, \Delta\alpha)\left|\frac{\partial^2 S}{\partial \alpha^2}\right|_{\alpha_0}^{-1/2} \frac{\sqrt{2\pi}}{\Delta\alpha} \tag{7.8}$$

と求まる.この表式で S も α も示量性であるから,$\{E, x\}$ だけで指定された微視的状態の総数は $\{E, x\,;\alpha_0\}$ で指定された微視的状態の $\sqrt{N}$ 倍程度にすぎない.すなわち圧倒的大部分の微視的状態は $\alpha=\alpha_0$ であると考えてよい[*].このことによって,熱平衡状態に対応する統計力学の2種の確率母集団,すなわち $\{E, x\}$ で指定される微視的状態の集団と $\{E, x\,;\alpha_0\}$ で指定される微視的状態の集団とが実効的に同一であると見なせるのである.

同時にこのことは,熱平衡状態におけるゆらぎの緩和が,非平衡状態の不可逆緩和過程に対応した意味をもつことを意味している.以下原点をずらして $\alpha_0=0$ とし,$\alpha(\neq 0)$ で指定される熱平衡に近い非平衡状態を考えよう.その状態のエントロピー $S(E, x\,;\alpha)$ は α がゼロに向かって変化するにつれて増大する.これは熱力学の第2法則である.これを時間変化の形に書くと次のようになる.

$$\left(\frac{\mathrm{d}S}{\mathrm{d}t}\right)_{\mathrm{irr}} = \left(\frac{\partial S}{\partial \alpha}\right)_{E, x} \frac{\mathrm{d}\alpha}{\mathrm{d}t} \geq 0 \tag{7.9}$$

左辺の添字 irr は不可逆過程による変化率を示す.しかしながら統計力学の観点に立つと,式 (7.9) の意味は,ゆらぎの結果生じた $(E, x\,;\alpha)$ に属する微視的状態が,圧倒的な確からしさをもって,より小さな α に属する状態へ移ってゆくことを表す.

さて熱平衡の(巨視的)状態 $\alpha=0$ では式 (7.3),特に $\partial S/\partial \alpha=0$ が成立する.同時にまた $\mathrm{d}\alpha/\mathrm{d}t=0$ でなければならない.$\alpha=0$ で一定だからである.したがって α がゼロとあまり違わない,熱平衡に近い非平衡状態では $\mathrm{d}\alpha/\mathrm{d}t,\ \partial S/\partial\alpha$ がともに小さいから,その間に線形の関係,

---

[*] 式 (2.38) で述べたように,ここでは e^{NS} といった N 乗べきが問題になっている.

$$\frac{d\alpha}{dt} = L\left(\frac{\partial S}{\partial \alpha}\right)_{E,x} \tag{7.10}$$

を設定してよいであろう．このとき $d\alpha/dt$ を**流れ**，$\partial S/\partial \alpha$ を**力**，L を**輸送係数**とよぶ．そこでこれを式 (7.9) に代入してみると，熱力学の第2法則が成立しているためには，

$$L > 0 \tag{7.11}$$

でなくてはならない．ここで述べた現象論的な熱動力学的理論体系は応用範囲が広く，不可逆過程の線形熱力学とよばれる．

さて前述の，熱平衡状態におけるゆらぎの緩和が，非平衡状態の不可逆緩和過程，つまり，式 (7.10) に従うという観点に立って，L に対する表式を導出しよう．それには式 (7.10) に α を掛け，重率 (7.4) を用いて平均をとる．そうした結果は結局熱平衡母集団 $\{E, x\}$ での平均にほかならない．

対応する確率密度を $C \cdot \exp[S(E, x; \alpha)]$ と書くことにより[*)] 右辺は，

$$L\left\langle \frac{\partial S}{\partial \alpha}\alpha \right\rangle = LC \int_{-\infty}^{\infty} \frac{\partial S}{\partial \alpha} \alpha e^S d\alpha = LC \int \alpha \frac{\partial}{\partial \alpha} e^S d\alpha$$

となり．部分積分することにより，

$$L\left\langle \frac{\partial S}{\partial \alpha}\alpha \right\rangle = L\left[C\alpha e^S \Big|_{-\infty}^{\infty} - C\int_{-\infty}^{\infty} e^S d\alpha \right]$$
$$= -L \tag{7.12}$$

が得られる．ここで積分の両端では e^S がすみやかにゼロになることを用いた．したがって式 (7.10) から，

$$L = -\left\langle \frac{d\alpha}{dt}\alpha \right\rangle \tag{7.13}$$

を得る．ただし平均は $\{E, x\}$ 母集団での平均であり，$d\alpha/dt$ は巨視的な意味での時間微分である．このことに留意しながらこの右辺を微視的な変量に書き直す．

α に対応する力学変数を $\hat{\alpha}$ と書くことにする．時刻 t において $\hat{\alpha}$ の値が α であるとき，時刻 $t + \Delta t$ における $\hat{\alpha}$ の値はさま

[*)] 簡単のため以下では $k_B = 1$ とおく．エントロピーを係数 k_B を除いて定義したと考えてもよい．

ざまであろう．時刻 t における初期条件が，単に $\{E, x\,; \alpha\}$ を与えただけであるので，微視的状態に対する初期条件としては不十分だからである．単にこれだけの初期条件に対応する微視的状態の数は，式 (7.4) で与えられ，多数個存在する．そこでこれらの微視的状態について平均した値を $\alpha(t+\Delta t|t, \alpha)$ と書くことにすれば α の時間微分は，

$$\frac{d\alpha}{dt} = \frac{1}{\Delta t}[\alpha(t+\Delta t|t, \alpha) - \alpha] \tag{7.14}$$

と表される．ただし，Δt は巨視的には微小だが，微視的には長い時間差だと考えなければならない．これに α を掛けた表式は，もとの力学変数を使って，

$$\frac{d\alpha}{dt}\alpha = \frac{1}{\Delta t}\langle[\hat{a}(t+\Delta t) - \hat{a}(t)]\hat{a}(t)\rangle_\alpha \tag{7.15}$$

と書ける．ただし $\langle\cdots\rangle_\alpha$ は，初期時刻の確率母集団 (7.4) についての平均を表す．この表式では $\hat{a}(t+\Delta t)$ に $\hat{a}(t)$ が掛っていて，しかも $\hat{a}(t)=\alpha$ という微視的状態の集団について平均をとるので，式 (7.14) のような複雑な記号を使わなくてすむのである．そこでさらに式 (7.13) に従って，種々の α 母集団について平均をとれば結局，

$$L = \frac{1}{\Delta t}\langle\hat{a}(t+\Delta t)\hat{a}(t) - \hat{a}(t)\hat{a}(t)\rangle \tag{7.16}$$

と書くことができる．ただしここで $\langle\cdots\rangle$ は式 (7.1) で指定される微視的状態についての等確率平均である．

以下は式 (7.16) の右辺の変形を行って，最終的に，

$$L = \int_0^\infty \langle\dot{\hat{a}}(t+\tau)\dot{\hat{a}}(t)\rangle d\tau + \langle\hat{a}\dot{\hat{a}}\rangle \tag{7.17}$$

という形にできることを示す．ここに $\hat{a}(t)$ の上の点は力学の意味での時間微分である．

まず式 (7.16) の右辺を，

$$L = -\frac{1}{\Delta t}\int_0^{\Delta t} dt' \frac{d}{dt'}\langle\hat{a}(t+t')\hat{a}(t)\rangle$$

と書き，これを，

$$L = -\frac{1}{\Delta t}\int_0^{\Delta t}\mathrm{d}t'\frac{\mathrm{d}}{\mathrm{d}t'}\langle \hat{a}(t)\,\hat{a}(t-t')\rangle$$
$$= \frac{1}{\Delta t}\int_0^{\Delta t}\mathrm{d}t'\langle \hat{a}(t)\,\dot{\hat{a}}(t-t')\rangle$$
$$= \frac{1}{\Delta t}\int_0^{\Delta t}\mathrm{d}t'\langle \hat{a}(t+t')\,\dot{\hat{a}}(t)\rangle \tag{7.18}$$

と変形しておく，ここで，平均〈・・・・〉をとる母集団が時間に依存していないことから，力学量の時間変数 t を一定値（$-t'$ あるいは $+t'$ だけ）ずらしても，答が一致するという性質を2度使った．

$$\langle A(t)\rangle = \langle A(t-t')\rangle = \langle A(t+t')\rangle \tag{7.19}$$

次に式（7.18）の被積分表式から $\langle \hat{a}(t)\,\dot{\hat{a}}(t)\rangle$ を引いて加え，

$$L = \frac{1}{\Delta t}\int_0^{\Delta t}\mathrm{d}t'\{\langle[\hat{a}(t+t')-\hat{a}(t)]\,\dot{\hat{a}}(t)\rangle + \langle \hat{a}(t)\,\dot{\hat{a}}(t)\rangle\}$$

さらに次のように，$\{\cdots\}$ の中の表式を積分の形に書き直す．

$$L = \frac{1}{\Delta t}\int_0^{\Delta t}\mathrm{d}t'\int_0^{t'}\mathrm{d}\tau\,\langle \dot{\hat{a}}(t+\tau)\,\dot{\hat{a}}(t)\rangle + \langle \hat{a}\,\dot{\hat{a}}\rangle \tag{7.20}$$

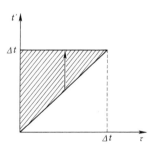

図 7.2 式（7.20）の積分領域

積分は図 7.2 のハッチした領域であるが，この2重積分の順序を取り換えると，

$$L = \frac{1}{\Delta t}\int_0^{\Delta t}\mathrm{d}\tau\int_\tau^{\Delta t}\mathrm{d}t'\,\langle \dot{\hat{a}}(t+\tau)\,\dot{\hat{a}}(t)\rangle + \langle \hat{a}\,\dot{\hat{a}}\rangle$$
$$= \int_0^{\Delta t}\left(1-\frac{\tau}{\Delta t}\right)\langle \dot{\hat{a}}(t+\tau)\,\dot{\hat{a}}(t)\rangle\,\mathrm{d}\tau + \langle \hat{a}(t)\,\dot{\hat{a}}(t)\rangle \tag{7.21}$$

さて Δt は巨視的には短いが微視的には長い時間であった.相関関数 $\langle \hat{a}(t+\Delta t)\hat{a}(t)\rangle$ の値は,両変数の時刻が一致しているとき,すなわち $\Delta t=0$ のとき最も大きく,Δt の増大とともに小さくなる.指数関数的な変化だと仮定して,その緩和時間を τ_M(M は巨視的(macroscopic)を示す)と書けば,式(7.16)は,

$$L \Rightarrow \frac{1}{\Delta t}\langle \hat{a}^2\rangle(1-e^{-\Delta t/\tau_M}) \tag{7.22}$$

という形になるであろう.$\Delta t \ll \tau_M$ とすれば指数関数を展開して,

$$L = \frac{\langle \hat{a}^2\rangle}{\tau_M} \tag{7.23}$$

を得る.これに反して式(7.21)に現れた $\dot{\hat{a}}$ は微視的で乱雑な力による変化であって,その相関関数は,τ_M あるいは Δt に比べてはるかに速く緩和するものと考えられる.その緩和時間を τ_m(m は微視的(microscopic)を示す)と書こう.このとき $\langle \dot{\hat{a}}(t+\tau)\dot{\hat{a}}(t)\rangle$ は $\tau \simeq \tau_m$ で小さい値になるから,被積分関数式においてこれに掛る因子 $(1-\tau/\Delta t)$ で $\tau \ll \Delta t$ とおいてよい.すなわち 1 でおき換える.また積分の上限は Δt の代りに ∞ でおき換えても大差ないことになる.ゆえに式(7.17)を得る.$\dot{\hat{a}}$ の相関が指数関数型だとすれば,第 1 項は,次のように表される.

$$\int_0^\infty d\tau \langle \dot{\hat{a}}^2\rangle e^{-\tau/\tau_m} = \langle \dot{\hat{a}}^2\rangle \tau_m \tag{7.24}$$

問題の解答

1 章

1.1.1 式 (1.5) で $M=0.1$ kg, $a=0.01$ m, $\eta=1.0$ N·s·m^{-2} として, $\tau \simeq 0.53$ s.

1.1.2 式 (1.12) で $\rho=8.9$ g·cm^{-3}, $C=0.38$ J·g^{-1}·K^{-1}, $\kappa=4.03$ W·cm^{-1}·K^{-1}, $L=10$ cm として $\tau \simeq 2.1$ s.

1.1.3 i 回目の衝突直前の速さを v_i とすれば, $i+1$ 回目の衝突直前の速さ (=i 回目の衝突直後の速さ) v_{i+1} は, $v_{i+1}=ev_i$. $v_1=v$ とすれば $v_n=e^{n-1}v$.

$0<e<1$ なので, $n\to\infty$ のとき $v_n\to 0$. 時間を反転させると $v_i=ev_{i+1}$, $v_{i+1}=v_i/e$, ゆえに $v_n=1/e^{n-1}v$. $1/e>1$ なので, 球の速さはだんだん大きくなる. このようなことはありえない.

1.2.1 気体 1 モルの分子数を N_A, 平均の分子質量を m, 平均の速さを v とすれば, $U=N_A mv^2/2$ である. 式 (1.23) と問題の式から $v^2=3RT/N_A m$. 常温を $T=300$ K とすれば, $N_A m=0.029$ kg より $v \simeq 5\times 10^2$ m·s^{-1}.

1.2.2 この場合も本文式 (1.20) まではそのまま成り立つ. $\partial\mathcal{H}/\partial p=c$ より $PV=(1/3)\mathcal{H}$. $\mathcal{H}\to U$ として $PV=(1/3)U$ が得られる.

1.3.1 板の運動している方向に x 軸をとる. $x<0$ の側から運動量 $\boldsymbol{p}$ を

もって dt 時間内に板に衝突する分子数は $n(\boldsymbol{p})A(v_x-u)dt$. 衝突によって分子の速度の x 成分は v_x から $-(v_x-2u)$ に変るので,運動量変化は $-2m(v_x-u)$. したがって,$x<0$ の側から板に働く力は,

$$\sum_{v_x>u} 2mA(v_x-u)^2 n(\boldsymbol{p})$$

同様にして,$x>0$ の側から板に働く力は,

$$-\sum_{v_x<u} 2mA(v_x-u)^2 n(\boldsymbol{p})$$

ゆえに,気体が板に及ぼす力は,

$$F = \sum_{v_x>u} 2mA(v_x-u)^2 n(\boldsymbol{p}) - \sum_{v_x<u} 2mA(v_x-u)^2 n(\boldsymbol{p})$$
$$\simeq -4mA\sum|v_x|n(\boldsymbol{p})\cdot u = -2nm\bar{v}Au$$

ただし,$\bar{v}\equiv n^{-1}\sum|v|n(\boldsymbol{p})$ は速さの平均を表す.運動の方向と逆の向きに,速さに比例する力が働く.

2 章

2.1.1 地上 ($z=0$) と高さ z の点との密度の比は,式 (2.13) より $e^{-mgz/\theta}$ と書ける.ただし $\theta=2u/3=RT/N_A$,$N_A=6\times10^{23}$,$R=8.3$ J・K^{-1}.また $T=300$ K として $\theta=4.2\times10^{-21}$ J.$m=0.029\div(6\times10^{23})=4.8\times10^{-26}$ kg,$g=9.8$ m・s^{-2},$z=300$ m より $mgz/\theta\simeq0.03$,$e^{-mgz/\theta}\simeq1-0.03=0.97$.

2.2.1 $2N$ 次元位相空間で $\sum[(p_i^2/2m)+(m\omega^2 q_i^2/2)]<E$ となる領域の体積 $J(E)$ を求める.$p_i/\sqrt{2m}=x_i$,$\sqrt{m\omega^2/2}\,q_i=y_i$ とおくと,$\sum(x_i^2+y_i^2)<E$.(x_i,y_i) 空間における球の体積は $J(E)=(\pi E)^N/\Gamma(N+1)$.$p_i$,$q_i$ にもどして,

$$J(E) = \frac{1}{\Gamma(N+1)}\left(\frac{2\pi E}{\omega}\right)^N$$

ゆえに,

$$\Omega(E) = \frac{dJ(E)}{dE} = \frac{1}{\Gamma(N)E}\left(\frac{2\pi E}{\omega}\right)^N$$

エントロピーは,$S(E)=k_B\log[\Omega(E)\Delta E]=Nk_B\log\left(\dfrac{2\pi E}{\omega}\right)$.

2.2.2 $S/N=s$, $E/N=u$ とおくと，$s=k_B \log u +$ 定数．$\partial s/\partial u = k_B/u = 1/T$．ゆえに，$u=k_B T$．

2.4.1 エネルギー $-\varepsilon$ の量子状態にある粒子数を n とすれば $E=(N-n)\varepsilon-n\varepsilon=(N-2n)\varepsilon$．このときの全系の量子状態の数は，$N$ 個の粒子から n 個を選びとる組合せの数に等しい．ゆえに $W=N!/n!(N-n)!$．
$$\begin{aligned} S &= k_B \log W \\ &\simeq k_B[N\log N - n\log n - (N-n)\log(N-n)] \\ &\simeq Nk_B\Big[\log 2 - \frac{1}{2}\Big(1+\frac{E}{N\varepsilon}\Big)\log\Big(1+\frac{E}{N\varepsilon}\Big) \\ &\qquad - \frac{1}{2}\Big(1-\frac{E}{N\varepsilon}\Big)\log\Big(1-\frac{E}{N\varepsilon}\Big)\Big] \end{aligned}$$

2.4.2 $E=N\hbar\omega/2 + M\hbar\omega$ とおくと，全系の量子状態の数は "M 個のリンゴ" を "N 人の子供" に分配する仕方の数に等しい．ゆえに，$W=(N+M-1)!/M!(N-1)! \simeq (N+M)!/M!N!$ であり，
$$\begin{aligned} S &= k_B \log W \\ &\simeq k_B[(N+M)\log(N+M) - N\log N - M\log M] \\ &= Nk_B\Big[\Big(\frac{E}{N\hbar\omega}+\frac{1}{2}\Big)\log\Big(\frac{E}{N\hbar\omega}+\frac{1}{2}\Big) \\ &\qquad -\Big(\frac{E}{N\hbar\omega}-\frac{1}{2}\Big)\log\Big(\frac{E}{n\hbar\omega}-\frac{1}{2}\Big)\Big] \end{aligned}$$
となる．$E \gg N\hbar\omega$ のとき $\log[(E/N\hbar\omega)\pm 1/2)] \simeq \log(E/N\hbar\omega)$ と近似すると，定数項を除いて，2.2 節問題 2.2.1 の結果に一致する．

3 章

3.2.1 等温過程 A→B, C→D では $U=$ 一定．断熱過程 B→C では V の増加とともに外に仕事をした分だけ U が減少，D→A では V の減少とともに U が増加する．したがって (U, V) 図での経路は次ページの図のようになる．

3.2.2 (a) 気体が外から熱を受け取るのは C→D の過程で，$Q_2=C_V(T_D-T_C)$，外へ熱を出すのは A→B の過程で，$Q_1=C_V(T_A-T_B)$．断熱過程では $TV^{\gamma-1}=$ 一定 であるから，$T_D V_2^{\gamma-1}=T_A V_1^{\gamma-1}$, $T_B V_1^{\gamma-1}$

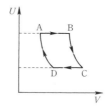

$= T_C V_2{}^{\gamma-1}$. ゆえに $T_A/T_D = T_B/T_C = (V_2/V_1)^{\gamma-1}$. $\eta = 1 - Q_1/Q_2 = 1 - (T_A - T_B)/(T_D - T_C) = 1 - (V_2/V_1)^{\gamma-1}$.

(b) 過程 D→A での内部エネルギーの変化は $\Delta U = C_V(T_A - T_D)$, 外になした仕事は $W = P_2(V_A - V_D)$. したがって, 外から受け取った熱は $Q_2 = \Delta U - W = C_P(T_A - T_D)$. ただし $C_P = C_V + R$. 同様にして, 過程 B→C で外に出した熱は $Q_1 = C_P(T_B - T_C)$. 断熱変化では $TP^{-(\gamma-1)/\gamma} = $ 一定であるから, $T_A P_2{}^{-(\gamma-1)/\gamma} = T_B P_1{}^{-(\gamma-1)/\gamma}$, $T_C P_1{}^{-(\gamma-1)/\gamma} = T_D P_2{}^{-(\gamma-1)/\gamma}$. ゆえに $T_B/T_A = T_C/T_D = (P_1/P_2)^{(\gamma-1)/\gamma}$. したがって次のようになる.

$$\eta = 1 - \frac{Q_1}{Q_2} = 1 - \frac{T_B - T_C}{T_A - T_D} = 1 - \left(\frac{P_1}{P_2}\right)^{(\gamma-1)/\gamma}$$

3.5.1 B→A は断熱変化 $d'Q = 0$ なので, A と B のエントロピーは等しい. O→B は等温変化なので, 気体の内部エネルギーは一定であり, 受け取る熱は外へなす仕事に等しい. $d'Q = PdV$. したがって,

$$S(A) = S(B) = \frac{1}{T_0}\int_0^B d'Q = \frac{1}{T_0}\int_{v_0}^{V_B} PdV = R\int_{V_0}^{V_B} \frac{dV}{V}$$
$$= R\log\frac{V_B}{V_0}$$

断熱変化では $TV^{\gamma-1} = $ 一定だから, $TV^{\gamma-1} = T_0 V_B{}^{\gamma-1}$. $V_B = V(T/T_0)^{1/(\gamma-1)}$. ゆえに,

$$S(T, V) = R\log\left(\frac{V}{V_0}\right) + \frac{R}{\gamma-1}\log\left(\frac{T}{T_0}\right)$$
$$= R\log\left(\frac{V}{V_0}\right) + C_V\log\left(\frac{T}{T_0}\right)$$

($\gamma - 1 = (C_P - C_V)/C_V = R/C_V$).

3.6.1 (a) $\partial(x^2+y^2)/\partial y = 2y$, $\partial(2xy)/\partial x = 2y$, ゆえに式 (3.58) が成り立ち．$dz$ は完全微分．$z(x,y) = x^3/3 + xy^2 + C$
(b) $\partial(xy^2)/\partial y = x^2$, $\partial(xy^2)/\partial x = y^2$．式 (3.58) は成り立たず，$dz$ は完全微分ではない．

5 章

5.1.1 (a) $dU = TdS - PdV$ の両辺を $T=$ 一定として dV で割ると，$(\partial U/\partial V)_T = T(\partial S/\partial V)_T - P$．ここでマクスウェルの関係 $(\partial S/\partial V)_T = (\partial P/\partial T)_V$ (式 (5.8)) を使うと，与式を得る．
(b) $d'Q = dU + PdV = (\partial U/\partial T)_V dT + [(\partial U/\partial V)_T + P]dV$．ここで，$(\partial U/\partial T)_V = C_V$．$P=$一定の条件で両辺を dT で割ると $(d'Q/dT)_{P=\text{一定}} = C_P$，ゆえに，$C_P - C_V = [(\partial U/\partial V)_T + P](\partial V/\partial T)_P$．(a) の関係を使うと与式が得られる．

1 モルの理想気体では $PV = RT$．$(\partial P/\partial T)_V = R/V = P/T$．ゆえに $(\partial U/\partial V)_T = 0$, すなわち，理想気体の内部エネルギーは温度のみの関数で，体積には依存しない．また，$(\partial V/\partial T)_P = R/P$ より $C_P - C_V = R$．

5.1.2 $(\partial S/\partial U)_V = 1/T$ より，$(\partial^2 S/\partial U^2)_V = [\partial(1/T)/\partial U]_V = -T^{-2}(\partial T/\partial U)_V = -T^{-2}(\partial U/\partial T)_V^{-1}$．したがって，式 (4.35) の第 1 式より $C_V > 0$．

同様に $\partial^2 S/\partial V\partial U = [\partial(1/T)/\partial V]_U = -T^{-2}(\partial T/\partial V)_U$．$(\partial S/\partial V)_U = P/T$ より，$(\partial^2 S/\partial V^2)_U = [\partial(P/T)/\partial V]_U = T^{-2}[T(\partial P/\partial V)_U - P(\partial T/\partial V)_U]$．したがって，式 (4.35) の第 2 式は，

$$\frac{1}{T^4}\left(\frac{\partial T}{\partial V}\right)_U^2 < \frac{1}{T^4}\left(\frac{\partial T}{\partial U}\right)_V\left[P\left(\frac{\partial T}{\partial V}\right)_U - T\left(\frac{\partial P}{\partial V}\right)_U\right]$$

ここで，$(\partial U/\partial V)_T = -(\partial T/\partial V)_U/(\partial T/\partial U)_V$ の関係[*]，問題 5.1.1 (a)，および $(\partial P/\partial V)_U = (\partial P/\partial V)_T + (\partial P/\partial T)_V(\partial T/\partial V)_U$ の関係[**] を用いると，

---

[*] T を U, V の関数と見たときの完全微分式 $dT = (\partial T/\partial U)_V dU + (\partial T/\partial V)_U dV$ において $dT = 0$ とおき dV で割れば dU/dV は $T=$ 一定における微分 $(\partial U/\partial V)_T$ になる．よって $(\partial U/\partial V)_T = -(\partial T/\partial V)_U/(\partial T/\partial U)_V$．

[**] $P = P(T,V)$ とし，さらに $T = T(U,V)$ として $(\partial P/\partial V)_U$ を求めると，与式が得られる．

$$\left(\frac{\partial P}{\partial V}\right)_T < 0$$

が得られる. ゆえに $\kappa_T = -V^{-1}(\partial V/\partial P)_T < 0$.

5.1.3 $(\partial F/\partial V)_T = -P$ より, $F(T,V) - F(T,V_0) = -\int_{V_0}^{V} P dV$. ただし, V_0 は基準にとる体積. $(\partial F/\partial T)_V = -S$ より, 上式の両辺を T で微分し $S(T,V) - S(T,V_0) = \int_{V_0}^{V}(\partial P/\partial T)_V dV$. さらに $U = F + TS$ より $U(T,V) - U(T,V_0) = \int_{V_0}^{V}[-P + T(\partial P/\partial T)_V]dV$. $V_0 \to \infty$ とすれば理想気体に近づくはずだから, $U(T,\infty) = 3RT/2$. ゆえに,

$$U(T,V) = \frac{3}{2}RT + \int_{\infty}^{V} T^2 \frac{\partial}{\partial T}\left(\frac{P}{T}\right)_V dV \qquad (1)$$

$C_V = (\partial U/\partial T)_V = (3/2)R + \int_{\infty}^{V} T(\partial^2 P/\partial T^2)_V dV$, ゆえに, $S(T,V_0) - S(T_0,V_0) = \int_{T_0}^{T}(C_V/T)dT = (3R/2)\log(T/T_0) + \int_{\infty}^{V}[(\partial P/\partial T)_V - (\partial P/\partial T)_{V,T=T_0}]dV$.

$$S(T,V) = \frac{3}{2}R \log\left(\frac{T}{T_0}\right) + \int_{\infty}^{V}\left(\frac{\partial P}{\partial T}\right)_V dV$$
$$- \int_{\infty}^{V_0}\left(\frac{\partial P}{\partial T}\right)_{V,T=T_0} dV + S(T_0 V_0) \qquad (2)$$

問題に与えられた状態方程式を (1), (2) に代入して,

$$U(T,V) = \frac{3}{2}RT\left(1 - \frac{2}{3}\frac{T}{V}\frac{dB}{dT} - \frac{1}{3}\frac{T}{V^2}\frac{dC}{dT} + \cdots\right)$$

$$S(T,V) = R\left[\log(T^{3/2}V) - \frac{1}{V}\frac{d(TB)}{dT} - \frac{1}{2V^2}\frac{d(TC)}{dT}\right.$$
$$\left. + \cdots \right] + 定数$$

5.1.4 (1) 与式を $P=$ 一定で T で微分すると, $0 = R/(V-b) - RT(\partial V/\partial T)_P/(V-b)^2 + 2a(\partial V/\partial T)_P/V^3$. ゆえに,

$$\alpha = \frac{1}{V}\left(\frac{\partial V}{\partial T}\right)_P = \frac{V-b}{TV}\frac{1}{1 - 2a(V-b)^2/RTV^3}$$

(2) 問題 5.1.1 (a) より $(\partial U/\partial V)_T = T^2[\partial(P/T)/\partial T]_V$. ゆえに, $(\partial U/\partial V)_T = a/V^2$.

(3) $(\partial C_V/\partial V)_T = \partial^2 U/\partial V \partial T = \partial[(\partial U/\partial V)_T]/\partial V = 0$ ((2) より).

(4) 問題 5.1.1 (b) の式を用いる. $(\partial P/\partial T)_V = R/(V-b)$ と (1) の結果から,

$$C_P - C_V = \frac{RT}{T - 2a(V-b)^2/RV^2}$$

5.1.5 1粒子のハミルトニアンは $\mathscr{H}=(p_x{}^2+p_y{}^2+p_z{}^2)/2m+mgz$. 分配関数は,

$$\frac{1}{h^3}\int\cdots\int\exp\left[-\frac{1}{2mk_\mathrm{B}T}(p_x{}^2+p_y{}^2+p_z{}^2)-\frac{mg}{k_\mathrm{B}T}z\right]$$
$$\times\mathrm{d}p_x\mathrm{d}p_y\mathrm{d}p_z\mathrm{d}x\mathrm{d}y\mathrm{d}z$$
$$=\left(\frac{2\pi mk_\mathrm{B}T}{h^2}\right)^{3/2}A\int_0^\infty\exp\left(-\frac{mg}{k_\mathrm{B}T}z\right)\mathrm{d}z$$
$$=\left(\frac{2\pi mk_\mathrm{B}T}{h^2}\right)^{3/2}\frac{k_\mathrm{B}T}{mg}A$$

全系の分配関数は,

$$Z=\frac{1}{N!}\left(\frac{2\pi mk_\mathrm{B}T}{h^2}\right)^{3N/2}\left(\frac{k_\mathrm{B}T}{mg}A\right)^N$$
$$F=-k_\mathrm{B}T\log Z$$
$$=-Nk_\mathrm{B}T\left[\frac{3}{2}\log\left(\frac{2\pi mk_\mathrm{B}T}{h^2}\right)+\log\left(\frac{Ak_\mathrm{B}T}{Nmg}\right)\right]$$
$$U=-T^2\frac{\partial}{\partial T}\left(\frac{F}{T}\right)_g=\frac{5}{2}Nk_\mathrm{B}T,\qquad C=\left(\frac{\partial U}{\partial T}\right)_g=\frac{5}{2}Nk_\mathrm{B}$$

5.1.6 1粒子の分配関数は $e^{\varepsilon/k_\mathrm{B}T}+e^{-\varepsilon/k_\mathrm{B}T}$. したがって,全系では,

$$Z=(e^{-\varepsilon/k_\mathrm{B}T}+e^{-\varepsilon/k_\mathrm{B}T})^N$$
$$F=-k_\mathrm{B}T\log Z=-Nk_\mathrm{B}T\log\,(e^{\varepsilon/k_\mathrm{B}T}+e^{-\varepsilon/k_\mathrm{B}T})$$
$$S=-\frac{\partial F}{\partial T}=-\frac{N\varepsilon}{T}\tanh\left(\frac{\varepsilon}{k_\mathrm{B}T}\right)+Nk_\mathrm{B}\log\,(e^{\varepsilon/k_\mathrm{B}T}+e^{-\varepsilon/k_\mathrm{B}T})$$
$$U=F+TS=-N\varepsilon\tanh\left(\frac{\varepsilon}{k_\mathrm{B}T}\right)$$

5.3.1 双極子モーメントと電場とのなす角を θ とすれば,分子の回転運動のハミルトニアンは,

$$\mathscr{H}=\frac{1}{2I}\left(p_\theta{}^2+\frac{p_\phi{}^2}{\sin^2\theta}\right)-\mu E\cos\theta$$

1分子の状態和は,

$$Z=\int_0^{2\pi}\mathrm{d}\phi\int_0^\pi\mathrm{d}\theta\int\mathrm{d}p_\phi\exp\left(-\frac{p_\phi{}^2}{2Ik_\mathrm{B}T\sin^2\theta}\right)$$
$$\times\int\mathrm{d}p_\theta\exp\left[-\frac{1}{k_\mathrm{B}T}\left(\frac{p_\theta{}^2}{2I}-\mu E\cos\theta\right)\right]$$
$$=4\pi^2Ik_\mathrm{B}T\int_0^\pi d\theta\sin\,\theta\exp\left(\frac{\mu E}{k_\mathrm{B}T}\cos\,\theta\right)$$
$$=\frac{8\pi^2I(k_\mathrm{B}T)^2}{\mu E}\sinh\left(\frac{\mu E}{k_\mathrm{B}T}\right)$$

したがって自由エネルギーは,
$$F = -Nk_{\mathrm{B}}T \log\left[\frac{8\pi^2 I(k_{\mathrm{B}}T)^2}{\mu E} \sinh\left(\frac{\mu E}{k_{\mathrm{B}}T}\right)\right]$$

電気分極 P は $P = N\langle \mu \cos\theta \rangle$. 平均 $\langle \mu\cos\theta\rangle$ は,
$$\langle \mu\cos\theta\rangle = \frac{1}{Z} 4\pi^2 I k_{\mathrm{B}}T \int_0^{\pi} d\theta \sin\theta \cdot \mu\cos\theta \exp\left(\frac{\mu E}{k_{\mathrm{B}}T}\cos\theta\right)$$
$$= k_{\mathrm{B}}T \frac{\partial}{\partial E}\log Z$$

と表されるので,
$$P = -\frac{\partial F}{\partial E} = N\mu\left[\coth\left(\frac{\mu E}{k_{\mathrm{B}}T}\right) - \frac{k_{\mathrm{B}}T}{\mu E}\right]$$

とくに $\mu E \ll k_{\mathrm{B}}T$ のときは,
$$P \simeq \frac{N\mu^2}{2k_{\mathrm{B}}T}E$$

5.3.2 $ax^2 \gg bx^4$ すなわち $x^2 \ll a/b$ のときは, $V(x) \simeq ax^2$. 調和振動子と見なされるので, 1振動子あたりの比熱は $C \simeq k_{\mathrm{B}}$. $x^2 \gg a/b$ のときは, $V(x) \simeq bx^4$. ゆえに,
$$\langle bx^4 \rangle \simeq \int bx^4 e^{-\beta bx^4}dx \bigg/ \int e^{-\beta bx^4}dx$$
$$= -\frac{\partial}{\partial \beta}\log\left[\int e^{-\beta bx^4}dx\right]$$
$$= -\frac{\partial}{\partial \beta}\log\left[(\beta b)^{-1/4}\int e^{-t^4}dt\right]$$
$$= \frac{1}{4}k_{\mathrm{B}}T$$

となるので $C \simeq 3k_{\mathrm{B}}/4$, 両者の移行は $\langle ax^2\rangle \sim \langle bx^4\rangle \sim k_{\mathrm{B}}T$, すなわち $k_{\mathrm{B}}T = a^2/b$ で起る.

5.3.3 おもりは軸のまわりを半径 $R = \sqrt{l^2-x^2}/2$ の円運動を行う. 回転角を ϕ とすれば, 運動エネルギーは等分配則により,
$$\left\langle \frac{1}{2}mR^2\dot{\phi}^2\right\rangle = \frac{1}{2}k_{\mathrm{B}}T$$

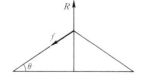

糸の張力 f は遠心力とのつりあいから，$f=mR\langle\dot{\phi}^2\rangle/2\sin\theta$．
$$F=f\cos\theta=\frac{x}{2R^2}\langle mR^2\dot{\phi}^2\rangle=\frac{2x}{l^2-x^2}k_\mathrm{B}T$$

5.4.1 比熱は式 (5.90) で与えられる．$T\to\infty$ では $C_x\to Nk_\mathrm{B}$ となるので，斜線部分の面積は，
$$A=\int_0^\infty\Bigl[Nk_\mathrm{B}-\frac{1}{2}Nk_\mathrm{B}\frac{(\hbar\omega/k_\mathrm{B}T)^2}{\cosh(\hbar\omega/k_\mathrm{B}T)-1}\Bigr]\mathrm{d}T$$
$\hbar\omega/k_\mathrm{B}T=x$ と変数変換すれば，
$$A=N\hbar\omega\int_0^\infty\Bigl(\frac{1}{x^2}-\frac{1}{e^x+e^{-x}-2}\Bigr)\mathrm{d}x$$
$$=N\hbar\omega\Bigl[-\frac{1}{x}+\frac{1}{e^x-1}\Bigr]_0^\infty=\frac{1}{2}N\hbar\omega$$

5.4.2 低温における固体の内部エネルギーは，3次元の場合は定数の係数を別にして基本的に式 (5.103) で表される．2次元では $4\pi k^2\mathrm{d}k$ を $2\pi k\mathrm{d}k$ に，1次元では $\mathrm{d}k$ におき換えればよい．したがって，一般に d 次元では
$$U\propto\int_0^\infty\frac{\hbar ck}{e^{\hbar ck/k_\mathrm{B}T}-1}k^{d-1}\mathrm{d}k$$
$\hbar ck/k_\mathrm{B}T=x$ とおけば，
$$U\propto T^{d+1}\int_0^\infty\frac{x^d}{e^x-1}\mathrm{d}x\propto T^{d+1}$$
したがって，比熱は $C=\mathrm{d}U/\mathrm{d}T\propto T^d$．

5.4.3 1粒子1自由度あたりのエネルギーは，反射壁のときは $[(2\pi\hbar)^2/2mL^2](n/2)^2(n=1,2,3\cdots)$，周期的境界のときは $[(2\pi\hbar^2)/2mL^2]n^2(n=0,\pm1,\pm2,\cdots)$．状態和をそれぞれ Z_R (反射)，Z_P (周期) とする．反射壁の場合，和を n が偶数のものと奇数のものに分けると，$(2\pi\hbar)^2/2mk_\mathrm{B}TL^2\equiv a$ とおいて，
$$Z_\mathrm{R}=\sum_{n=0}^\infty\exp\Bigl[-a\Bigl(n+\frac{1}{2}\Bigr)^2\Bigr]+\sum_{n=1}^\infty\exp(-an^2)$$
ゆえに，
$$Z_\mathrm{R}-Z_\mathrm{P}=\sum_{n=0}^\infty\Bigl\{\exp\Bigl[-a\Bigl(n+\frac{1}{2}\Bigr)^2\Bigr]-\exp(-an^2)\Bigr\}$$
$$=\sum_{n=0}^\infty e^{-an^2}[e^{-a(n+1/4)}-1]\simeq-\frac{1}{2}\sum_{n=0}^\infty 2ane^{-an^2}$$
ここで $a\ll 1$ とした．和を積分に直し，$Z_\mathrm{R}-Z_\mathrm{P}\simeq-1/2$．自由エネ

ルギーの差は,
$$F_R - F_P = -k_B T \log(Z_R/Z_P)^{3N} = -3Nk_B T \log(1-1/2Z_P)$$
$$= \frac{3}{2}\frac{Nk_B T}{Z_P}$$

$Z_P = L\sqrt{2\pi nk_B T}/2\pi\hbar$ より,容器の表面積を $6L^2 = A$,粒子密度 $N/V = n$ として,

$$F_R - F_P \simeq \frac{1}{4} A n k_B T \frac{2\pi\hbar}{\sqrt{2\pi mk_B T}}$$

$2\pi\hbar/\sqrt{2\pi mk_B T} = \lambda$ は熱運動のド・ブロイ波長である.この値は表面から λ の範囲内にある粒子のエネルギーに相当している.

6 章

6.1.1 ^{3}He 原子の質量は 1.7×10^{-24} g(核子の質量)$\times 3 \simeq 5\times 10^{-24}$ g であるから,液体 ^{3}He の粒子密度は $N/V = \rho/m \simeq 1.4\times 10^{22}$ cm^{-3} ($\rho = 0.07$ g/cm^3).フェルミエネルギーは,

$$\varepsilon_F = \frac{h^2}{2m}\left(\frac{3}{8\pi}\frac{N}{V}\right)^{2/3} \simeq 6.1\times 10^{-23} \text{ J}$$

$$\frac{\varepsilon_F}{k_B} \simeq (6.1\times 10^{-23})/(1.4\times 10^{-23}) \simeq 4.3 \text{ K}$$

6.1.2 中性子の質量は 1.7×10^{-24} g.粒子密度は $N/V = \rho/m \simeq 5\times 10^{37\sim 38}$ cm^{-3}.$\varepsilon_F \simeq 4\times 10^{-12}$ J, $\varepsilon_F/k_B \simeq 4\times 10^{11}$ K.

6.1.3 式 (6.29) より,$T=0$ における内部エネルギーは $U = E_0 = aV^{-2/3}$.

$$P = -\frac{dE_0}{dV} = \frac{2}{3} aV^{-5/3} = \frac{2}{3}\frac{U}{V}$$

6.2.1
$$\langle N_1 \rangle = \sum_{N_1} N_1 P_{N_1} = \frac{1}{\Xi}\sum_{N_1} N_1 e^{\beta\mu N_1} Z_{N_1} = \frac{1}{\beta\Xi}\frac{\partial}{\partial\mu}\sum_{N_1} e^{\beta\mu N_1} Z_{N_1}$$
$$= \frac{1}{\beta}\frac{\partial}{\partial\mu}\log\Xi$$
$$\langle (N_1 - \langle N_1 \rangle)^2 \rangle = \langle N_1^2 \rangle - \langle N_1 \rangle^2$$
$$\langle N_1^2 \rangle = \sum_{N_1} N_1^2 P_{N_1} = \frac{1}{\beta^2\Xi}\frac{\partial^2}{\partial\mu^2}\sum_{N_1} e^{\beta\mu N_1} Z_{N_1} = \frac{1}{\beta^2\Xi}\frac{\partial^2\Xi}{\partial\mu^2}$$

ゆえに,

$$\langle (N_1 - \langle N_1 \rangle)^2 \rangle = \frac{1}{\beta^2}\left[\frac{1}{\varXi}\frac{\partial^2 \varXi}{\partial \mu^2} - \frac{1}{\varXi^2}\left(\frac{\partial \varXi}{\partial \mu}\right)^2\right] = \frac{1}{\beta^2}\frac{\partial^2}{\partial \mu^2}\log \varXi$$

6.2.2 体系が熱浴Rと接触している．Rから体系へ熱量 Q，粒子数 δN が流入したとすると，体系の内部エネルギーの変化は $\delta U = Q + \mu_R \delta N$．$\delta S \geq Q/T_R$ (μ_R, T_R は熱浴の化学ポテンシャルと温度) であるから，安定平衡の条件は，

$$\delta S < \frac{1}{T_R}\delta U - \frac{\mu}{T_R}\delta N$$

δU を δS, δN について展開すると，

$$\delta U = T\delta S + \mu \delta N + \delta^{(2)} U$$

したがって $T = T_R$, $\mu = \mu_R$,

$$\delta^{(2)} U = \frac{\partial^2 U}{\partial S^2}\delta S^2 + 2\frac{\partial^2 U}{\partial S \partial N}\delta S \delta N + \frac{\partial^2 U}{\partial N^2}\delta N^2 > 0$$

これから，

$$\frac{\partial^2 U}{\partial S^2} > 0, \quad \left(\frac{\partial^2 U}{\partial S \partial N}\right)^2 - \frac{\partial^2 U}{\partial S^2}\frac{\partial^2 U}{\partial N^2} < 0$$

第1の関係は $\partial^2 U/\partial S^2 = (\partial T/\partial S)_{VN} = T/C_V$ より $C_V > 0$．

第2の関係からは，5.1節問題5.1.2と同様にして $(\partial \mu/\partial N)_{TN} > 0$ を得る．$d\mu = vdP - sdT$ より，$T =$ 一定 ($dT = 0$) のとき $d\mu = vdP$．

ゆえに，

$$\frac{\partial P}{\partial n} > 0$$

6.2.3 理想気体のエントロピーは $S = C_V \log T + Nk_B \log V +$ 定数．壁を取り去ると気体1は温度一定のまま体積が V_1 から $V_1 + V_2$ に増加する．したがって，1のエントロピーの増加は $\Delta S_1 = N_1 k_B \log(V_1 + V_2)/V_1$ 同様に気体2について $\Delta S_2 = N_2 k_B \log(V_1 + V_2)/V_2$．状態方程式から $PV_1 = N_1 k_B T$, $PV_2 = N_2 k_B T$．ゆえに $(V_1 + V_2)/V_1 = (N_1 + N_2)/N_1$, $(V_1 + V_2)/V_2 = (N_1 + N_2)/N_2$．全系のエントロピーの増加は，

$$\Delta S = \Delta S_1 + \Delta S_2 = N_1 k_B \log\frac{N_1 + N_2}{N_1} + N_2 k_B \log\frac{N_1 + N_2}{N_2}$$

6.3.1 理想フェルミ気体の低温の比熱は $C = (\pi^2/2)(Nk_B{}^2/\varepsilon_F)T$ (式 (6.132))．銅の場合 $\varepsilon_F \simeq 1.1 \times 10^{-18}$ J．1モル ($N = 6 \times 10^{23}$) として，

係数 γ は,
$$\gamma \simeq 5.1\times 10^{-4}\,\mathrm{J/K^2\cdot mol}$$
実験では $\gamma\simeq 7.1\times 10^{-4}\,\mathrm{J/K^2\cdot mol}$ である

6.3.2 ^{4}He 原子の質量は $m=1.67\times 10^{-24}\times 4=6.6\times 10^{-24}$ g. 粒子密度は $N/V=\rho/m\simeq 2.1\times 10^{22}\,\mathrm{cm}^{-3}$. 式 (6.136) より,
$$T_\mathrm{c}=\frac{h^2}{2\pi m k_\mathrm{B}}\left[\frac{N}{F_{3/2}(0)}\right]^{2/3}\simeq 3.1\,\mathrm{K}$$

6.3.3 自由粒子の状態密度は, 2 次元では $\varepsilon<(p_x{}^2+p_y{}^2)/2m<\varepsilon+\mathrm{d}\varepsilon$ の位相空間の体積が $(2\pi m/h^2)\mathrm{d}\varepsilon$ と表されるので $D_2(\varepsilon)=2\pi m/h^2$. 同様に 1 次元では $D_1(\varepsilon)=(\sqrt{2m}/h)\varepsilon^{-1/2}$. したがって式 (6.131) は 2 次元で $N\propto\int_0^\infty[e^{\beta(\varepsilon-\mu)}-1]^{-1}\mathrm{d}\varepsilon$, 1 次元で $N\propto\int_0^\infty[e^{\beta(\varepsilon-\mu)}-1]\varepsilon^{-1/2}\mathrm{d}\varepsilon$ となる. $\mu=0$, $\varepsilon\to 0$ のとき被積分関数はそれぞれ ε^{-1}, $\varepsilon^{-3/2}$ に比例しいずれの場合も積分は発展する. したがって, 式 (6.131) を満たす $\mu(<0)$ は常に存在し, ボース-アインシュタイン凝縮は起らない.

6.4.1 式 (6.163) で 2 を気相, 1 を液相とすれば $v_2\gg v_1$. 気体を理想気体と見なせば, $v_2=k_\mathrm{B}T/P_\mathrm{e}$. また $q=T(S_2-S_1)$ だから,
$$\frac{\mathrm{d}P_\mathrm{e}}{\mathrm{d}T}=\frac{q}{k_\mathrm{B}T^2}P_\mathrm{e}\qquad\therefore P_\mathrm{e}\propto e^{-q/k_\mathrm{B}T}$$

6.4.2 式 (6.163) で 1 を水蒸気, 2 を水とすれば, 問題 6.4.1 と同様に,
$$\frac{\mathrm{d}P_\mathrm{e}}{\mathrm{d}T}=\frac{qP_\mathrm{e}}{k_\mathrm{B}T^2}=\frac{NqP_\mathrm{e}}{Nk_\mathrm{B}T^2}$$
1 モルについて $Nq=539\times 18$ cal, $Nk_\mathrm{B}\simeq 2.0$ cal. $T=373$ K. $P_\mathrm{e}=1$ atm において,
$$\frac{\mathrm{d}P_\mathrm{e}}{\mathrm{d}T}=0.035\,\mathrm{atm/K} \tag{1}$$

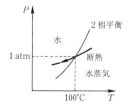

断熱変化では $TP^{(\gamma-1)/\gamma}=$ 一定. したがって断熱線に沿って,
$$\left(\frac{dP}{dT}\right)_{T=T_0}=\frac{\gamma}{\gamma-1}\frac{P_0}{T_0}$$
水は3原子分子だから $\gamma=4/3$. したがって $T_0=373$ K, $P_0=1$ atm において,
$$\frac{dP}{dT}=0.0054 \text{ atm/K} \tag{2}$$
(1) > (2) であるから, 2相平衡曲線と断熱線の関係は図のようになり, 断熱膨張で温度が下がると過飽和となる.

6.4.3 気体の化学ポテンシャルを $\mu_g(T,P)$ とすると, 相平衡の条件から $\mu_g(T,P)=\mu_0(T,P)-Ck_BT$. ΔP の1次まで展開すると, $\mu_g(T,P_0)+(\partial\mu_g/\partial P)_T\Delta P=\mu_0(T,P_0)+(\partial\mu_0/\partial P)_T\Delta P-Ck_BT$. 純溶媒の相平衡条件 $\mu_0(T,P_0)=\mu_0(T,P_0)$, $(\partial\mu_0/\partial P)_T=v_0$, $(\partial\mu_0/\partial P)_T=v_0$ を用いて, $(v_g-v_0)\Delta P=-Ck_BT$. $v_g\gg v_0$ また, 気体は理想気体であるとして $P_0v_g=k_BT$. ゆえに,
$$\Delta P=-C\frac{k_BT}{v_g}=-CP_0$$

6.5.1 鉄の強磁性を引き起す相互作用の強さを J とすれば, キュリー温度 T_c は $k_BT_c\sim J$ で与えられる. $T_c\sim 1\,000$ K より $J\sim 1.4\times 10^{-20}$ J. 一方, 磁気双極子間の相互作用のエネルギーは, 電子間の平均間隔を a, 真空の透磁率を $\mu_0(=4\pi\times 10^{-7}$N・A$^{-2})$ とすれば, およそ $E_d\approx\mu_0\mu^2/a^3$. $a\sim 10^{-10}$ m とすれば $E_d\sim 10^{-22}$ J. $E_d\ll J$ であり, 磁気双極子間の相互作用によっては強磁性が説明しえないことがわかる. J は電子間のクーロン相互作用と, 電子がフェルミ粒子であることに伴う量子効果によって生ずるものと考えられる.

6.5.2 1個のスピンに注目すると, その z 個の最近接スピンのうち, 上向きスピンの平均数は $z(1+\eta)/2$, 下向きスピンの平均数は $z(1-\eta)/2$. したがって, 注目するスピンが上向きのときのエネルギーは $-(1/2)z(1+\eta)J+(1/2)z(1-\eta)J=-zJ\eta$. 同様に, 下向きのときのエネルギーは $zJ\eta$. したがって, 注目するスピンが上を向く確率 $P_\uparrow$, 下を向く確率 $P_\downarrow$ は,
$$P_\uparrow=\frac{e^{\beta zJ\eta}}{e^{\beta zJ\eta}+e^{-\beta zJ\eta}},\qquad P_\downarrow=\frac{e^{-\beta zJ\eta}}{e^{\beta zJ\eta}+e^{-\beta zJ\eta}}$$
η を使って書けば, $P_\uparrow=(1+\eta)/2$, $P_\downarrow=(1-\eta)/2$ でなければな

らない．したがって，
$$\eta = \tanh\left(\frac{zJ\eta}{2k_BT}\right)$$
これは式 (6.203) に一致する．

6.5.3 隣り合うスピン対の数は $N-1 \simeq N$．うち平行なスピン対の数を n とすれば，反平行なスピン対の数は $N-n$．したがってエネルギーは，
$$U = -Jn + J(N-n) = J(N-2n)$$
である．平行な対，反平行な対の配列を与えると，例えば左端のスピンを上向きと決めれば，全スピンの配列が一義的に定まる．したがって，n を与えたときの状態の数は，
$$W = {}_NC_n \times 2 = 2\frac{N!}{n!(N-n)!}$$
エントロピーは，
$$S = k_B \log W \simeq -Nk_B\left[\left(\frac{n}{N}\right)\log\left(\frac{n}{N}\right) + \left(1-\frac{n}{N}\right)\log\left(1-\frac{n}{N}\right)\right]$$
$$= \frac{1}{2}Nk_B\left[2\log 2 - \left(1-\frac{U}{NJ}\right)\log\left(1-\frac{U}{NJ}\right)\right.$$
$$\left. - \left(1+\frac{U}{NJ}\right)\log\left(1+\frac{U}{NJ}\right)\right]$$
$\partial S/\partial U = 1/T$ より，
$$\left(\frac{k_B}{2J}\right)\log\left[\left(1-\frac{U}{NJ}\right)\Big/\left(1+\frac{U}{NJ}\right)\right] = \frac{1}{T}$$
ゆえに，
$$U = NJ(1-e^{2J/k_BT})/(1+e^{2J/k_BT})$$
$$S = Nk_B[(1+e^{2J/k_BT})^{-1}\log(1+e^{2J/k_BT})$$
$$+ (1+e^{-2J/k_BT})^{-1}\log(1+e^{-2J/k_BT})]$$
$$F = U - TS$$
$$= NJ(1-e^{2J/k_BT})/(1+e^{2J/k_BT}) - Nk_BT[(1+e^{2J/k_BT})^{-1}$$
$$\times \log(1+e^{2J/k_BT}) + (1+e^{-2J/k_BT})^{-1}\log(1+e^{-2J/k_BT})]$$
これらの熱力学関数はいずれも $T=0$ まで T の連続関数である．これは，1次元のイジング模型では相転移が起らないことを意味する．

索　　引

あ 行

アインシュタイン模型	*17, 114, 125*
圧力	*9, 59*
安定条件	*93*
安定平衡	*179*
イジング模型	*186*
位相空間	*33, 36*
位相体積	*41*
位相密度	*38*
ウィーンの変位則	*125*
運動方程式	*1, 35*
液体ヘリウム	*173*
エネルギー等分配の法則	*104*
エルゴード仮定	*49, 195*
エンタルピー	*13*
エントロピー	*40, 50, 77, 86, 150*
大きい状態和	*156, 159*
温度	*20, 96*
温度の定数	*73*

か 行

階段関数	*46*
回転	*114*
外部パラメーター	*40, 47, 85*
ガウス分布	*43*
化学平衡	*184*
化学ポテンシャル	*154, 176*
角運動量	*130*
確率分布	*23, 30*
仮想変位	*91, 93*
カノニカル分布	*99*
カルノーサイクル	*65*
カルノー熱機関	*67*
換算質量	*112*
完全微分	*81*
ガンマ関数	*38*
緩和	*61, 198*
緩和時間	*4, 6, 202*
気体定数	*14*
基底状態	*144*

軌道角運動量	129
ギブズの自由エネルギー	155, 176, 181
ギブズの定理	45
ギブズ分布	98
キュリー温度	186
キュリーの法則	135
強磁性転移	186
極座標	33
巨視系	1
巨視量	3, 22, 26, 61
金属電子	168
空間分布	29
空洞放射	117
クラウジウスの原理	68
クラウジウスの不等式	74
クラペイロン-クラウジウスの式	178
経験温度	62
ケルビン温度	73
交換関係	130
格子振動	17, 125, 169
古典統計力学	101
古典力学	1
固有関数	144
固有値	144
固有値方程式	144

さ 行

サイクル	63
作用量子	51
3重点	73, 180
時間反転	4, 6, 21, 78
示強性	13
仕事	16, 48, 59, 60, 66, 85
仕事関数	13
磁性体	132
質量作用の法則	185
自発磁化	191
自由エネルギー	96, 155
周期的境界条件	56, 147
重心座標	110, 112
自由粒子	54
自由粒子系	144
ジュールとトムソンの実験	11
シュテファン-ボルツマンの法則	125, 126
シュレーディンガー方程式	56, 142
循環過程	63
準静過程	48
蒸気圧曲線	178
状態方程式	14, 64
状態密度	164
状態量	61, 87
状態和	99, 108, 113
初期条件	2
示量性	13
振動	114
振動子系	46
スターリングの公式	39
スピン	133, 148, 187
スペクトル関数	124
スレーター行列式	146
正準変換	35
積分分母	82, 85
絶対温度	32, 44, 85
ゼロ点エネルギー	120
占拠数表示	146
潜熱	178

相	174
相関関数	202
相図	177
相対座標	110, 112
相転移	186
相平衡	174
相律	183

た 行

第1種永久機関	68
対称性の破れ	192
大正準分布	157
第2種永久機関	68
単原子分子理想気体	107
断熱消磁	137, 138
断熱膨張	139
力	60, 96, 199
秩序パラメーター	192
中性子星	149
調和振動子	52, 117, 120
定圧比熱	100
定積比熱	93, 100
デバイ温度	128
デバイの内挿公式	128
デバイ模型	128
デューロン-プティの法則	115, 169
デルタ関数	47
伝導電子	168, 169
等温圧縮率	93, 100
等確率の原理	37, 42, 113
統計的相関	26
統計平均	19
同種粒子系	141

独立事象	24, 30
ド・ブローイ(熱)波長	103, 105, 164
トムソンの原理	68

な 行

内部エネルギー	61, 85
流れ	199
2原子分子理想気体	109
熱	20, 49, 59, 85
熱機関	62
熱源	44, 97
熱静力学	61
熱伝導率	5
熱動力学	61, 199
熱平衡	61
熱平衡状態	6, 36
熱放射	14, 116, 122
熱容量	5, 92, 121
熱力学	59
熱力学的重率	53
熱力学的絶対温度	73
熱力学の第1法則	61
熱力学の第3法則	136
熱力学の第0法則	61
熱力学の第2法則	68
熱粒子源	156
粘性流体	3
濃度	182

は 行

ハイゼンベルクの不確定性原理	120
パウリの排他律	145

波動関数	141
パフの微分式	81
ハミルトニアン	10, 34, 52, 143
反応座標	184
比体積	40
比熱	5
開いた系	152, 155, 185
ビリアル展開	100
ファン・デル・ワールスの状態方程式	100
フェルミエネルギー	148, 169
フェルミ統計	143, 160
フェルミ分布関数	162
フェルミ面	148, 168
フェルミ粒子	143
不可逆過程	198
不完全平衡	196
ブラッグ-ウィリアムズの近似	188
プランクの定数	124
プランクの熱放射公式	124
分子的カオス	8
分子場近似	188
分配関数	99
平均2乗偏差	24
平衡曲線	177
ベルヌーイの定理	11, 32
ヘルムホルツの自由エネルギー	96
偏微分	80
ボース-アインシュタイン凝縮	171, 193
ボース統計	143, 160
ボース分布関数	162
ボース粒子	143
ボルツマン因子	45
ボルツマン定数	60, 73
ボルツマン統計	162

ま 行

マクスウェルの関係式	96, 134
マクスウェルの分布	102, 165

や 行

融解曲線	178
輸送係数	199
ゆらぎ	24, 31, 43, 161, 198
弱い相互作用	37, 54

ら 行

ラグランジアン	34
理想気体	8, 14, 23, 29, 38, 55, 87
理想常磁性体	133
理想熱機関	63
理想フェルミ気体	147, 165
理想ボース気体	169, 193
理想量子気体	159
量子気体	103
量子条件	52, 54, 56
量子数	52
量子力学	60
量子力学的定常状態	53
量子論	51, 54
臨界点	180
ルジャンドル変換	96

基本物理定数

真空中の光速	$c = 2.99792458 \times 10^8$ m・s^{-1}
プランク定数	$h = 6.626176 \times 10^{-34}$ J・s
	$\hbar = h/2\pi = 1.0545887 \times 10^{-34}$ J・s
ボルツマン定数	$k_B = 1.380662 \times 10^{-23}$ J・K^{-1}
アボガドロ数	$N_A = 6.022045 \times 10^{23}$ mol^{-1}
気体定数	$R = N_A k_B = 8.31441$ J・mol^{-1}・K^{-1}
電子の電荷	$|e| = 1.6021892 \times 10^{-19}$ C
電子の静止質量	$m = 9.109534 \times 10^{-31}$ kg
電子の磁気モーメント	$\mu_e = 9.284832 \times 10^{-24}$ J・T^{-1}
陽子の静止質量	$m_p = 1.6726485 \times 10^{-27}$ kg
中性子の静止質量	$m_n = 1.6749543 \times 10^{-27}$ kg

[新装復刊] パリティ物理学コース 熱学・統計力学

平成 27 年 5 月 30 日 発行

著作者　碓　井　恒　丸

発行者　池　田　和　博

発行所　丸善出版株式会社

〒101-0051 東京都千代田区神田神保町二丁目17番
編集：電話(03)3512-3267／FAX(03)3512-3272
営業：電話(03)3512-3256／FAX(03)3512-3270
http://pub.maruzen.co.jp/

© Tsunemaru Usui, 2015

印刷・製本／藤原印刷株式会社

ISBN 978-4-621-08724-4 C 3342　　　　　　Printed in Japan

JCOPY 〈(社)出版者著作権管理機構 委託出版物〉

本書の無断複写は著作権法上での例外を除き禁じられています．複写される場合は，そのつど事前に，(社)出版者著作権管理機構(電話 03-3513-6969，FAX 03-3513-6979，e-mail : info@jcopy.or.jp)の許諾を得てください．